날씨 이야기

하룻밤에 읽는 생활과학

알수록 재미있는 날씨 이야기

게르하르트 슈타군 지음 · 안성철 옮김
유희동 박사 해설 및 감수(기상서비스지능국장)

옥당

✚ 일러두기

1. 이 책은 게르하르트 슈타군의 《SONNE WIND UND REGEN》을 우리말로 옮긴 것이다. 이 책에 나온 인명과 지명의 외래어 표기는 모두 외래어 표기법을 따랐다.
2. 한국어판에는 한국 독자의 이해를 돕기 위해 원서에 없는 Q&A 와 여기서 잠깐! 이란 내용을 추가하였다. 추가 내용은 우리나라의 사례를 들어 기상청의 유희동 박사가 집필하였다.
3. 한국어판에는 기상청에서 제공한 날씨 관련 자료가 추가되었다(95쪽, 119쪽, 135쪽, 146쪽, 151쪽, 166~168쪽, 188쪽, 214~215쪽, 231쪽).
4. 옮긴이 주는 〔 〕로 구분하였다.

감수의 말

천의 얼굴을 한 날씨의 원리

사람에 따라 좋아하는 날씨는 다르지만, 우리는 보통 궂은 날보다는 화창한 날에 기분이 더 좋아진다. 그리고 빗나간 예보 때문에 손꼽아 기다리던 일이 엉망이 되었다거나, 소중한 사람과의 소중한 순간을 망쳐버린 기억도 누구나 한두 가지쯤 가지고 있다. 이렇듯 날씨는 우리의 감정과 일상생활에 아주 밀접한 관련을 맺고 있다. 그러나 우리가 숨을 쉬면서도 공기의 존재를 인식하지 못하듯, 아쉽게도 늘 접하는 날씨 현상과 예측에 대해서 특별히 관심을 가지고 깊이 들여다보는 일은 많지 않다. 그저 아쉬운 순간에 뜻대로 움직여주지 않는 하늘을 보고 원망의 눈길을 보낼 뿐이다.

날씨를 이해하려는 인류의 도전

날씨에 대한 오늘날 개개인의 관심과 달리 인류 역사는 오래전부터 날씨의 정체를 알아내기 위해 많은 노력을 기울여왔다. 중국에 3,000년 전의 갑골문자로 표시한 날씨 현상과 예측, 정확히는 안개에 관한 기록이 남아 있는 것만 보더라도 날씨가 인간 생활에서 얼마나 중요한 부분을 차지하고 있었는지를 알 수 있다. 특히 수렵시대에서 정착 단계인 농경시대로 들어오면서 날씨는 생존과 관련한 중요한 생활 요소로 자리 잡기 시작했다. 이후 농업기술의 발달, 산업화 등을 거치면서 사회의 다양화와 함께 변화무쌍한 날씨를 예측하려는 욕망도 점차 커졌고 다양한 노력이 뒤따랐다. 이른바 단지 하늘을 보면서 날씨 현상을 살피고 하늘과 날씨의 연관성을 파악하던 시대, 오랜 세월 자연에 순응하며 살았던 '관천망기觀天望氣의 시대'에서 좀 더 합리적이고 과학적으로 날씨에 접근하는 시대로 넘어간 것이다.

그럼 인류 역사상 최초로 과학적으로 날씨에 접근한 사건(?)은 무엇일까? 1441년 세종 23년에 일어난 측우기의 발명이다. 이는 우리나라에서 주장하는 내용이 아니라 전 세계에서 공인된 사실이다. 측우기는 날씨와 관련하여 두 번째로 발명된 관측기구인 갈릴레오 온도계(1592년)보다 무려 150년이나 앞서 만들어졌다. 또한 측우기는 최초라는 타이틀뿐만 아니라 정량적인 비의 양을 측정할 때 오늘날 사용하는 강우계와 거의 유사한 원리를 활용했다는 점에서도 세계적으로 그 가치를 인정받고 있다.

측우기, 갈릴레오 온도계에 이어 1643년 이탈리아 과학자 토리첼리*Evangelista Torricelli*가 수은기압계를 발명하는 등 일련의 과정을 거치면서 인류 역사는 날씨의 기본 요소들을 정략적으로 측정하는 시대, 즉 '과학적 관측 시대'로 들어갔다. 날씨를 예측하기 위해서는 지금 벌어지고 있는 현상을 정확히 알아야 하는데, 이 같은 관측기기들을 활용하면서 날씨를 구성하는 요소들을 정확히 측정할 수 있게 된 것이다.

과학적으로 측정한 자료들이 쌓이자 인류는 복잡한 날씨 현상을 한눈에 파악할 수 있는 지도인 '일기도'를 만들기 시작했다. 1686년 영국의 기상학자이자 물리학자인 에드먼드 핼리*Edmond Halley*가 대서양을 중심으로 바람의 흐름을 나타낸 일기도를 그린 이후, 일기도는 지도 위에 다양한 형태의 기상 현상을 표현하는 수단으로 발전하게 된다. 이런 변화는 인류 역사를 '일기도 분석 시대'로 이끌었고, 인류는 일기도 분석을 바탕으로 미래의 날씨를 예측하겠다는 새로운 도전을 시작하였다. 일기도를 분석하고 날씨를 예측하는 예보관이 탄생했으며, 예보관이 지식과 경험을 바탕으로 내일의 날씨를 예측하는 '주관적 예보 시대'가 열린 것이다.

그러나 주관적 예보는 똑같은 일기도를 참고하더라도 예보관의 판단에 따라 내일의 날씨가 다르게 예측되는 치명적인 한계를 안고 있었다. 이런 차이를 극복하고자 기상학자들은 약 100여 년 전에 '수치예보'라는 새로운 방식을 도입했다. 수치예보는 날씨를 변화시키는 대기를 방정식으로 표현하고 그 방정식을 계산하여 기압·

기온·습도·바람과 같은 기상요소들의 변화 양상을 숫자로 예측하는 것이다. 대기를 표현하는 방정식들은 매우 복잡하고 엄청난 계산량을 자랑하기 때문에 슈퍼컴퓨터를 사용해서 결과를 얻는다. 이 결과는 오늘날 날씨 예보에서 중요한 역할을 하며 예보관에 의한 '주관적 예보 시대'에서 '객관적 예보 시대'로 넘어가는 계기가 되었다.

여기서 한 가지 궁금증이 생긴다. 컴퓨터가 더 발달하고 수치예보를 계산하는 소프트웨어(수치예보모델)가 더 정교해진다면 예보관이 필요 없는, 완전히 수치예보로만 날씨를 예측하는 100퍼센트 객관적인 예보 시대가 올 수 있을까? 안타깝게도 현실은 그렇지 못하다. 우선 수치예보에 필요한 초기 관측값을 완벽하게 측정하는 것은 불가능하며, 대기를 완전하게 방정식으로 표현할 수도 없기 때문이다. 따라서 앞으로도 수치예보를 지도 삼아 예보관이 날씨를 최종적으로 판단하는 방식은 변함없을 것이다.

여전한 미지의 세계, 날씨

인류는 관천망기의 시대에서 객관적 예보 시대에 이르기까지 날씨를 파악하고 예측하려는 노력을 계속하고 있다. 하지만 아직도 날씨는 우리에게 불확실한 부분이 더 많이 남아 있는 미지의 영역이다. 여기에다 근래에는 기후변화라는 큰 변수까지 개입되어 날씨 · 기후와 관련된 상황들을 더 복잡하고 예측 불가능하게 만들고 있다.

현대 사회에서 날씨는 우리의 생활 자체와 밀접하게 연관되어 있을 뿐 아니라 산업 전반에도 직·간접적인 영향을 미친다. 실례로 미국 해양대기청*NOAA, National Oceanic and Atmospheric Administration*의 연구 결과에 따르면, 기상정보가 미국 경제 전반에 미치는 경제적 효과는 미국 국내총생산*GDP*의 30퍼센트인 약 3.2조 달러에 달한다고 한다. 그래서 오늘날 세계 각국은 날씨를 제대로 파악하고 예측하는 것만이 자연재해로부터 생명과 재산을 보호하는 지름길이며 산업 전반이 발전하는 기본 동력이라는 사실, 기후변화가 앞으로 인류의 생존까지 좌지우지할 것이라는 점 등을 점점 더 깊이 인식하고 있다.

물론 우리나라에서도 날씨와 기후의 영향력과 중요성에 대한 사회 전반의 인식이 확대되고 있다. 하지만 한반도는 날씨를 파악하고 예측하는 데 있어 지정학적으로나 구조적으로 매우 불리한 상황에 놓여 있다. 삼면이 바다로 둘러싸여 있어서 날씨의 변화 폭을 예측하기가 매우 어렵고, 대륙의 끝에 자리 잡고 있어서 대륙의 날씨 변화에도 많은 영향을 받는다. 여기에다 좁은 면적에 지형도 매우 복잡해서 한반도 내륙에서 국지적인 날씨 변화가 매우 심하게 일어날 수 있는 요건을 갖추고 있다.

우리나라는 이런 태생적 환경에다 지구 전체 평균기온의 증가보다도 높은 기온 상승률을 보이고 있고, 집중호우·태풍·폭설·황사 등 다양한 자연재해가 매년 발생하고 있어 다른 나라와 비교할 때 날씨와 기후 면에서 상대적으로 열악한 조건에 처해 있다. 천의 얼굴을 가진 날씨와 더불어 살기 위해서 어느 때보다 날씨와 기후에 관심을 가져야 하는 상황인 것이다.

하지만 '날씨 과학'이라고 부를 수 있는 기상학 또는 대기과학은 수학·물리·화학·해양학·전산학 등을 아우르는 과학의 종합선물상자 같은 학문이라 청소년이나 일반 독자가 접근하기 어려운 게 사실이다. 그런 면에서 다양한 과학 분야에서 독자와 효과적으로 소통해온 저자의 책이 출간되니 참 반가운 일이다. 이 책에는 저자의 폭넓은 과학 지식과 위트가 곳곳에 녹아 있어 날씨와 기후에 얽힌 복잡한 과학적 사실을 누구나 쉽고 즐겁게 이해할 수 있다. 청소년은 물론 일반인이 날씨와 기후에 대한 궁금증을 쉽게 해결할 수 있도록 쓰였을 뿐만 아니라, 과학을 공부하는 사람에게도 충분한 지식을 전달할 만큼 깊이도 갖추고 있다.

이 책을 통해 많은 독자가 앞으로 전개될 불확실성이 큰 날씨와 기후변화 시대에 현명하게 대처할 수 있는 지혜를 배울 수 있기를 기대한다.

유희동 기상청 · 기상서비스지능국장

들어가는 말

날씨, 도대체 네 정체가 뭐냐?

'날씨'라는 단어는 우리에게 아주 친숙하다. 좋은 날씨, 나쁜 날씨, 궂은 날씨 등 간단한 표현만 듣고도 우리는 날씨가 어떤 상태인지 바로 이해한다. 또 햇볕을 좋아하고 비를 싫어하는 사람이 있는가 하면 그 반대인 사람도 있다. 바람 부는 날씨에 어떤 사람은 집 안에 숨어 있지만 어떤 사람은 밖으로 나가고 싶어 한다. 이렇게 날씨는 어떤 식으로든 우리 생활에 영향을 미친다. 때로는 즐거움을 주기도 하고, 때로는 짜증을 불러일으키기도 하고, 최악의 경우 엄청난 고통을 안겨주기도 한다.

우리의 일상생활에 미치는 날씨의 영향력이 크다 보니 사람들은 자연스레 날씨에 관심을 기울일 수밖에 없다. 그러나 우리 마음에 쏙 드는 날씨가 과연 몇 날 며칠이나 될까? 우리는 야속한 하늘을 보며 고작 불평불만을 늘어놓는 게 할 수 있는 전부다. 날씨는 우리 힘으로는 어쩌지 못하는 어떤 법칙을 따르기 때문이다. 자연의 일부인 날씨는 우리에게 완벽한 자유와 힘을 과시한다. 인간의 능력 너머에 존재하면서 인간이 땅에서 무엇을 하든 전혀 관심을 두지 않는다.

도도하게 구는 날씨가 못마땅하겠지만 우리에게 날씨는 운명이다. 우리의 몸과 마음은 날씨로부터 결코 자유로울 수 없다. 우리가 날씨에 관심을 가져야 하는 이유가 여기에 있다.

우리는 책을 통해서건 뉴스를 통해서건 이미 '고기압'과 '저기압'이라는 단어를 들어봤다. 또한 기압이 올라가느냐 내려가느냐에 따라 날씨가 변한다는 사실도 알고 있고, 우리 중 몇몇은 태풍과 토네이도가 어떻게 다른지 설명할 수도 있을 것이다. 그렇지만 우리에게 중요하고 친숙한 만큼 날씨를 정말 제대로 이해하고 있을까?

구름은 왜 생길까?

해가 갈수록 여름은 왜 더 더워질까?

구름은 왜 전기를 머금고 있다 땅으로 번개를 쏠까?

우박은 왜 추운 겨울이 아니라 다른 계절에 쏟아질까? …

오늘날 우리 모두가 겪고 있는 날씨 현상에 관한 기초 질문이지만 당당하게 답할 수 있는 사람이 얼마나 있을까? 우리 한번 솔직해져 보자. 이런 질문이 무척이나 어리석어 보이지만 막상 대답하려니 날씨에 대해서 알고 있는 것이 너무 없다는 사실과 마주하지 않았는가. 우리는 항상 날씨와 기후에 관심을 보이고 여러 이야기를 나누지만 정작 알고 있는 것은 매우 애매하고 단편적인 것들뿐이다.

이 책은 우리가 입으로만 말하는 날씨가 아니라 과학의 눈으로 들여다본 진짜 날씨 이야기를 담고 있다. 먼저 날씨의 기본 요소, 즉 지구 표면에 존재하는 것과 대기·태양·물의 능력에 관해 알아볼 것이다. 그리고 기본 요소가 서로 어떻게 작용하느냐에 따라 얼마나 다양한 날씨가 생겨나는지 살펴보고, 지구상의 다양한 기후 조건·인간·우주가 날씨에 어떤 영향을 미치는지도 알아볼 것이다.

요즘은 예전과 달리 일부 지역의 날씨가 아니라 지구 전체를 둘러싼 기후 이야기가 더 자주 입에 오르내린다. 지구의 기후가 현재 인류가 당면한 가장 시급한 생존 문제와 직결되어 있기 때문이다. 물론 이 책도 앞서 살펴본 과학 지식을 바탕으로 기후변화가 가져올 인류 생존의 문제를 다루고, 기후변화 시대에 슬기롭게 대처하는 자세에 대해 꼼꼼히 따져볼 것이다. 이제 한걸음씩 천천히 날씨 과학의 세계로 들어가보자.

차 례

감수의 말 · 5

들어가는 말 · 11

1부 알수록 재미있는 날씨 원리

Chapter 01 날씨는 언제, 왜 생길까? · 21

다른 행성에도 날씨가 존재할까? · 23

날씨를 확인하는 가장 정확한 방법 · 25

Chapter 02 날씨가 사는 곳, 대기 · 29

지구 대기권은 어떻게 생겼을까? · 31

공기 저울로 대기의 무게 재기 · 34

대기를 구성하는 다양한 기체들 · 39

Chapter 03 푸른 지구의 시작, 태양 · 47

태양광선이 지구를 비추면 어떤 일이 생길까? · 50

광선의 지구 여행과 푸른 하늘의 비밀 · 53

태양광선이 지구에 와서 하는 일 · 58

대기의 열 전달 방식, 대류 · 61

Chapter 04 **바람은 왜 불까?** · 65
콜럼버스가 신대륙을 발견할 수 있었던 이유 · 67
바람의 순환과 운동 · 69
사계절은 왜 생길까? · 75

Chapter 05 **날씨를 춤추게 하는 바다** · 81
지구의 에너지 저장 탱크, 물 · 82
두 얼굴을 한 해변의 바람 풍경 · 87
Q&A 바다는 우리나라 날씨에 어떤 영향을 미칠까? · 92

Chapter 06 **날씨를 바꾸는 산맥과 계곡** · 97
Q&A 산맥은 우리나라 날씨에 어떤 영향을 미칠까? · 101

Chapter 07 **바람의 길을 만드는 고기압과 저기압** · 105
기압과 지구의 자전이 만드는 공기의 흐름 · 106
저기압 중심과 고기압 중심 · 110
Q&A 기압은 날씨에 어떤 영향을 미칠까? · 116

Chapter 08 **따뜻하고 찬 공기의 힘겨루기** · 121
날씨 전선에서는 무슨 일이 벌어질까? · 123
저기압과 고기압의 공생 · 128
Q&A 한반도를 쥐락펴락하는 전선과 기단은 무엇일까? · 132

Chapter 09 **자연의 공습, 회오리바람** · 137

태풍은 어떻게 만들어질까? · 140

육지 태풍, 토네이도 · 145

Chapter 10 **비와 구름 이야기** · 153

공기도 물을 마신다 · 154

구름은 어떻게 생겨날까? · 157

과학의 눈으로 들여다본 구름과 안개 · 160

신비한 구름의 속살 · 169

Chapter 11 **날씨를 변덕쟁이로 만드는 뇌우** · 177

천둥 번개를 몰고 다니는 비 · 182

번개를 피하는 방법 · 188

이것만은 기억하자! 날씨를 이해하는 핵심 단서들 · 192

2부 기후변화와 지구의 미래

Chapter 12 **미래를 예측하려는 도전, 기상학** · 201

나비의 날갯짓이 돌풍을 일으킨다 · 205

혼돈 속에도 질서가 있다 · 208

몸속에 있는 기상관측소 · 212

Chapter 13 지구 날씨의 리듬, 기후대 · 219
기후대를 나누는 기준은 무엇일까? · 221
다양한 사례로 살펴보는 기후대 · 225

Chapter 14 기후변화와 지구의 눈물 · 233
우주의 영향과 지구의 기후변화 · 233
거대한 한증막, 온실기후 시대 · 237
빙하기와 인류의 탄생 · 240
기후변화 어디까지 왔나? · 249
북극의 눈물 · 251
남극 빙하와 바다가 보내는 경고 · 259
늘어나는 이산화탄소, 줄어드는 원시림 · 265
눈에 띄지 않는 생태계의 변화들 · 271

Chapter 15 지구 기후의 미래 · 279
지구의 불확실한 미래 · 282
온도 변화가 낳을 우리의 미래 · 286
홍합과 굴이 북쪽으로 이사 가는 이유 · 289
무엇을 해야 하는가? · 295

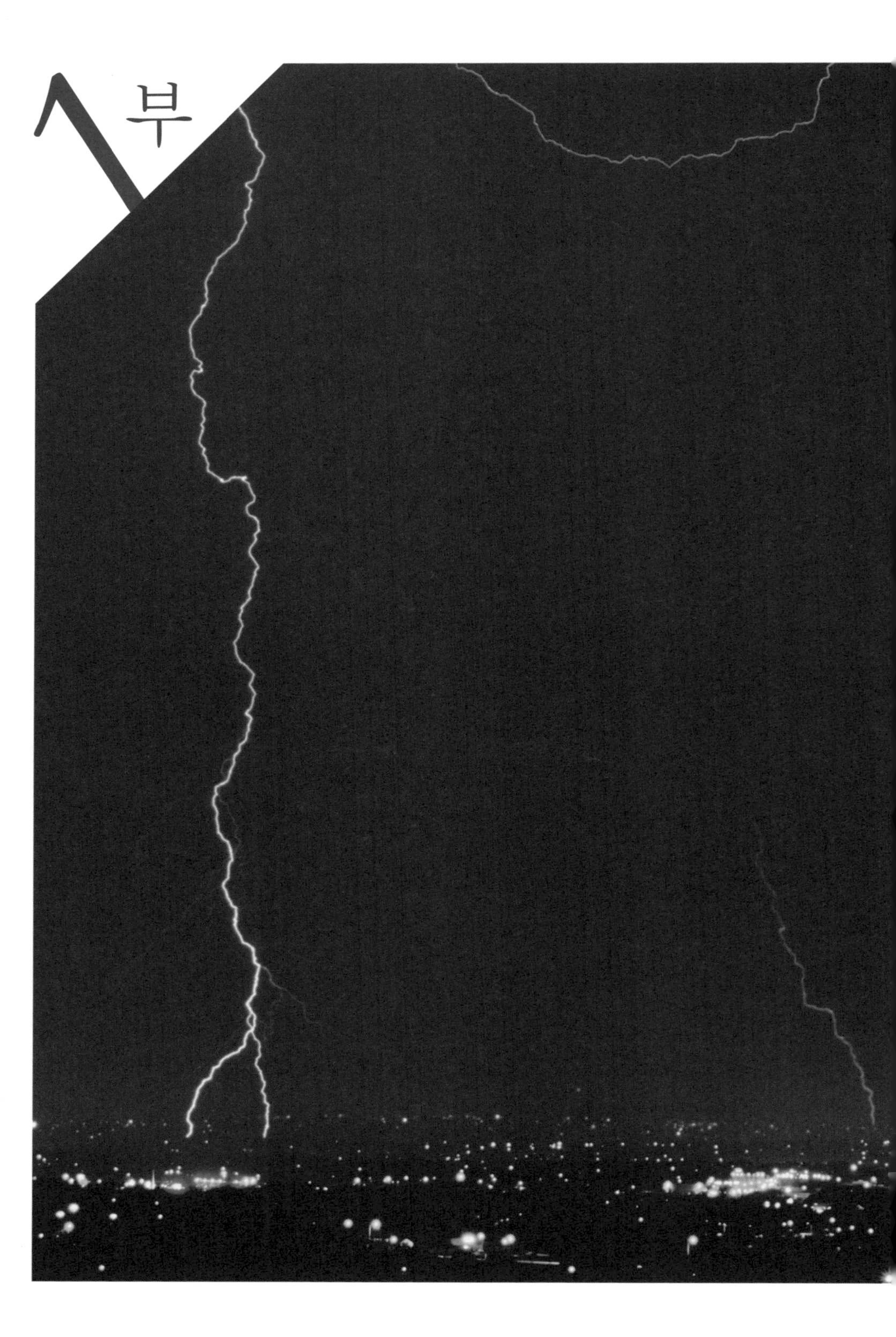
부

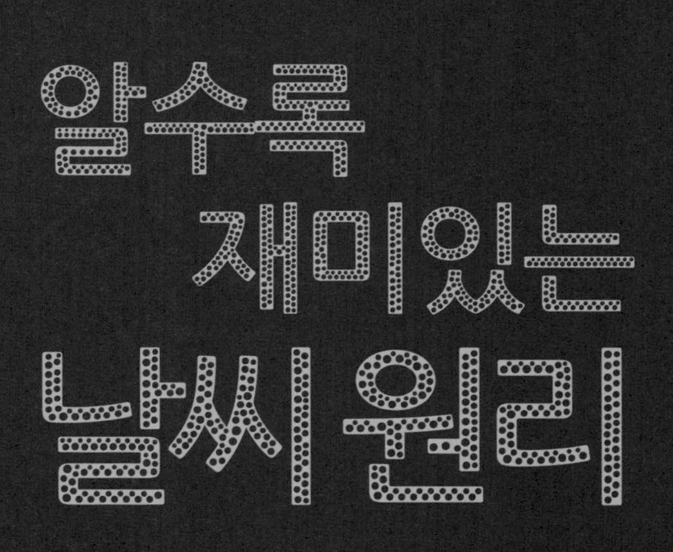

'날씨' 하면 제일 먼저 떠오르는 질문이 '날씨란 무엇인가?'이다. 이어 꼬리에 꼬리를 물고 다음 질문들이 따라 나온다. 날씨는 어디에 있는가? 날씨는 왜 생기는가? 날씨는 언제 생기는가? … 최신 과학기술도 날씨에 대해 밝혀내지 못한 사실이 수두룩하니 질문은 이 정도에 만족하고, 가장 기초가 되는, 어쩌면 너무 뻔한 거 아니야 싶은, 마지막 질문에서부터 시작해 날씨의 정체를 하나하나 밝혀보자.

날씨는 언제, 왜 생길까?

'날씨' 하면 제일 먼저 떠오르는 질문이 '날씨란 무엇인가?'이다. 이어 꼬리에 꼬리를 물고 다음 질문들이 따라 나온다. 날씨는 어디에 있는가? 날씨는 왜 생기는가? 날씨는 언제 생기는가? … 최신 과학기술도 날씨에 대해 밝혀내지 못한 사실이 수두룩하니 질문은 이 정도에 만족하고, 가장 기초가 되는, 어쩌면 너무 뻔한 거 아니야 싶은, 마지막 질문에서부터 시작해 날씨의 정체를 하나하나 밝혀보자.

날씨는 언제 생기는 걸까? 날씨는 언제나 존재한다. 낮에도 밤에도, 한 해의 시작에도 끝에도 날씨는 있다. 수십억 년 전부터 지구상에 날씨는 존재해왔고 수십억 년 후에도 날씨는 있을 것이다. 물론 그때까지 지구가 존재한다면.

그럼, 날씨는 왜 생기는가? 지구가 대기大氣를 가지고 있기 때문이다. 대기가 없으면 날씨도 없다. 대기는 우리가 살고 있는 지구를 둘러싼 공기의 막이고, 날씨는 지구를 둘러싸고 있는 이 공기의 상태를 가리킨다. 모두가 알고 있듯이 지구 위에는 어디든 공기가 있으니 당연히 날씨도 어디든 있다. 그리고 모든 물질과 마찬가지로 공기도 여러 가지 상태로 변하기 때문에 날씨도 공기 상태에 따라 여러 가지로 바뀐다.

그렇다면 '공기 상태'란 무엇일까? 공기는 가만히 있을 수도 움직일 수도 있다. 우리는 공기의 움직임을 보통 '바람'이라 부르고, 공기가 매우 급격하게 움직이는 것을 '폭풍*storm*'이라고 한다. 물론 바람이 불지 않을 때도 있지만 우리 눈에 보이는 것과 달리 대기 속 공기 분자는 한순간도 쉬지 않고 움직인다.

또 다른 공기 상태도 있다. 공기는 습하거나 건조할 수 있다. 그리고 전기를 충전한 상태일 수도 있다. 공기가 전기를 충전한다는 사실이 생소하게 들릴지 모르겠지만 충전은 휴대전화나 공기만의 특별한 능력이 아니다. 사람을 포함한 모든 물질이 이미 전기를 머금고 있기 때문이다. 또 공기는 깨끗하거나 더러울 수 있고, 차갑거나 따듯할 수도 있다. 그리고 공기는 지구 표면에 압력을 가하는데 이 압력도 일정하지 않다.

요약하자면 공기는 온도·습도·압력·전기·운동성에 따라 그때그때 상태가 바뀐다. 이 다섯 가지 요소는 날씨를 구성하는 기본적인 기상·기후 요소로 언제나 서로 영향을 주고받으면서 날씨의 종류를 거의 무한대로 만들어낸다.

어떤 특정한 순간을 생각해보자. 이때 공기는 특정 온도와 습도, 특정한 전기 충전 상태와 기압, 그리고 특정한 바람(예를 들면, 동풍東風)이 부는 운동 상태를 보이고 있다. 이 상태가 바로 그 순간의 '날씨'이다. 그리고 바로 다음 순간에는 온도가 올라가고 습도가 높아져 비가 내리고, 충전 상태·기압·운동 상태 등 모든 것이 달라질 수 있다. 즉, 다른 날씨가 되는 것이다. 이처럼 날씨란 특정 순간에 대기가 가지고 있는 모든 상태의 종합을 의미한다.

이제 당연히 우리가 말하는 '순간'이 어느 정도의 시간을 말하는지 궁금해진다. 한 시간? 일 분? 아니면 일 초? 모든 기후요소가 언제든지 변할 수 있기 때문에 정확하게 날씨를 측정하려면 매우 짧은 시간을 범위로 설정해야 한다. 즉, 절대적 '현재'를 기준으로 삼은 날씨가 '현재 날씨'이다. 그리고 현재 날씨는 불과 몇 초 후면 완전히 달라질 수 있다.

다른 행성에도 날씨가 존재할까?

날씨가 대기의 상태라면 모든 행성에 날씨가 있다는 의미가 된다. 물론 모든 행성에 대기가 있다는 가정하에서 그렇다. 하지만 달에는 날씨가 없다. 달은 지표면의 중력이 매우 약해서 대기를 잡아둘 힘이 없기 때문에 단지 모래와 암석으로 이루어진 황량함만 남아 있다. 더 정확하게 말하자면 달에는 영원한 고요함만 존재한다.

반면 태양계에 있는 다른 모든 행성에는 날씨가 있다. 그것도 매우 극단적인 형태로 존재한다. 예를 들어 금성은 무거운 이산화탄소CO_2가 대기의 96퍼센트를 차지하기 때문에 기압이 지구보다 거의 100배 정도 높다. 또한 대기의 밀도가 높아 강력한 온실효과를 만들어내 표면 기온이 섭씨 475도 정도로 유지되며, 밤과 낮의 기온 차이도 거의 없다. 이산화탄소가 대부분을 차지하는 금성의 대기에도 층이 있다. 지면으로부터 48킬로미터에서 70킬로미터에 이르는 층에는 두꺼운 구름이 형성되어 엄청나게 빠른 속도로 움직인다. 반면, 그 아래층에는 구름이 거의 없으며 표면과 가까운 대기층은 매우 고요하다.

화성의 날씨도 지구와는 전혀 다르다. 화성의 대기도 이산화탄소가 95퍼센트를 차지하지만 금성과 비교했을 때 밀도가 극히 낮아 땅에 전달되는 대기의 압력이 지구 대기압의 백분의 일밖에 되지 않는다. 화성 표면에는 매일 규칙적으로 바람이 부는데, 특히 오후 시간대에 강력한 돌풍을 동반한 빠른 공기 움직임(시속 30킬로미터)을 관찰할 수 있다. 화성은 낮 기온이 섭씨 24도까지 올라가지만 우주로 빠져나가는 열을 막아줄 대기층이 얇아 밤 기온이 영하 70도까지 내려간다. 그리고 철분이 포함된 먼지가 대기를 가득 채우고 있어 화성의 하늘은 대부분 낮 시간 동안 붉은색을 띤다.

2006년 미 항공우주국 나사NASA는 거대한 가스 행성인 토성에서 엄청난 규모의 태풍을 관찰했다. 심지어 지구에서보다 무려 천 배나 강력한 번개가 치는 모습도 포착했다(토성에서 어떻게 번개가 생겨나는지는 아직 명확하게 밝혀지지 않았다). 토성에서 관찰된 태풍은 지름이 무려 8,000킬로미터에 달했으며, 태풍의 눈 주위에서는 시속 560킬로미터에 이르는 광풍이 불고, 구름은 70킬로미터 상공까지 치솟았다. 당시 미국의 우주탐사선 카시니 호가 포착해서 전송한 태풍 영상은 어마어마한 괴물 태풍의 진면목을 보여주는 것이자 지구 밖에서 관찰된 최초의 것이었다.

우리는 짧은 태양계 여행을 다녀오면서 '날씨는 어디에 있는가?'라는 두 번째 질문에 대한 구체적이고 흥미로운 답을 찾아냈다. 이제 '날씨는 대기가 있는 곳이면 어디든 있다'라는 답을 가지고 다음 질문에 답해보자. '날씨란 무엇인가?' 이제 여러분은 매우 쉬운 질문이라며 이렇게 답할 것이다. "시간과 장소에 상관없이 행성의 대기권에서 발생하는 모든 것!"

맞다. 그러나 이 답이 우리에게 어떤 도움이 될까? 이 답은 아무런 소용이 없다. 이 답으로는 정작 날씨가 무엇인지 알 수 없기 때문이다.

날씨를 확인하는 가장 정확한 방법

그럼 어떻게 해야 할까? 가장 좋은 방법은 종이와 연필을 앞에

놓고 창밖을 바라보는 것이다. 지금 내가 바라보는 창문은 어느 건물 4층에 달려 있다. 그리고 지금 시간은 2월 14일 12시 58분. 이웃집 지붕 너머로 구름 한 점 없이 높고 푸르지만 살짝 안개가 낀 듯한 흐린 하늘이 보인다. 태양은 밝게 빛나고 있다. 창문을 여니 차가운 공기가 피부에 와 닿는다. 영상 2, 3도 정도로 짐작되며, 바람이 살랑살랑 불고 있다. 집게손가락에 살짝 침을 묻혀 창밖으로 내미니 남쪽에서 바람이 불어오고 있다. 정리하자면, 봄이 멀지 않았음을 직감할 수 있는 화창하고 기분 좋은 겨울날이다. 이제 곧 봄이 시작된다.

소박하지만 이게 가장 정확하고 도움이 되는 지금의 날씨다. 다만 바로 다음 순간에 모든 것이 약간 변할 수 있다는 점이 문제다. 기온이 올라갈 수도 있고, 바람이 잦아든다거나 혹은 더 강해질 수도 있고 방향을 바꿀 수도 있다. 또 습도가 바뀔 수도 있다. 이처럼 지역의 날씨는 특정한 지역 그리고 특정한 순간에 나타나는 대기 상태의 종합이다. 따라서 지역의 날씨는 지역에 따라 다른 양상을 보인다.

예를 들어 넓은 지역은 같은 지역이라도 사는 곳에 따라 서로 다른 날씨를 보일 수 있다. 대도시 서쪽의 날씨가 동쪽이나 남쪽 혹은 북쪽의 날씨와 꼭 같지는 않다. 하나의 도시에서도 어느 지역에 있느냐에 따라 날씨에 차이가 있는데 하물며 한 국가나 대륙 혹은 북반구 전체를 생각한다면 더욱 말할 것도 없다. 특정한 시간에 나타난 지구 전체의 날씨는 거의 무한대에 가깝게 다양하다. 지금 창문을 통해 본 것 같은 일정 지역의 날씨가 다양한 형태로 지역에 따라 존재하는 것이다.

이렇게 다양한 날씨는 지구 모든 지역에서 일 년 내내 쉬지 않고 변하는데, 거기에는 일정한 법칙이 있다. 베를린은 절대로 아라비아 반도처럼 더워지지 않고, 북극만큼 추워지지 않으며, 브라질의 원시림만큼 습해지지 않고, 에베레스트 산 정상처럼 눈보라가 치지도 않는다. 이처럼 지구의 특정 지역에서 나타나는 날씨(즉, 대기의 상태)에는 일정한 기본 흐름이 있는데, 이를 '기후'라고 한다. 금성이나 화성의 기후와 대비할 때, 지구 전체의 대기 상태는 '지구 기후'라고 부를 수 있는 것이다.

이제 우리는 날씨에 대해 조금 더 세밀한 정의를 내릴 수 있다. 날씨란 '특정한 시간에 특정한 지역에서 항상 변화하는 대기 상태의 종합'이다. 그리고 이제는 기후가 무엇인지도 알았다. 기후란 '특정한 지역에서 여러 해에 걸쳐 나타난 대기 상태의 평균'이다〔세계기상기구에서는 30년간 날씨의 평균값을 기후의 기준으로 삼고 있다〕. 물론 앞의 두 정의가 조금 미흡한 것은 사실이지만 본격적으로 날씨 이야기를 시작하기에는 충분하다.

이제 대기권에서 어떤 일이 벌어지고, 우리가 날씨 혹은 기후라고 표현하는 현상이 어떻게 일어나는가에 대해서 정확하게 살펴볼 준비가 되었다. 먼저 대기부터 살펴보자.

날씨가 사는 곳, 대기

대기는 영어로 '애트머스피어*Atmosphere*'라고 쓴다. 애트머스피어는 17세기 무렵에 그리스어 atmós(공기)와 sphaira(판, 공, 지구)를 합쳐 만든 신조어로 사전에서 찾아보면 '공기막, 대기, 분위기'를 의미한다고 나온다. 즉, 대기는 지구를 둘러싸고 있는 공기층을 가리키며, 대기가 없으면 어떤 생명체도 지구상에 존재할 수 없다.

육지와 바다를 포함한 모든 지구 표면은 공기로 덮여 있고, 우리는 거대한 공기의 바다 가장 밑바닥에서 살고 있다. 공기는 기체 형태의 물질이다. 그리고 모든 물질과 마찬가지로 물리적·화학적 특성을 가지고 있다. 예를 들어 공기에도 다른 물질처럼 무게가 있다. 눈에 보이지 않고 너무 가벼워서 무게가 없는 것처럼 느껴지지만 엄연히 무게를 가지고 있으며 심지어 측정할 수도 있다.

공기의 무게를 재려면 먼저 일정량의 공기를 저울 위에 올려놓아야 한다. 그렇지만 우리가 무게를 재기 전에 이미 저울 위에는 공기가 올라가 있는데 어떻게 일정량의 공기만을 저울 위에 올려놓을 수 있을까? 저울도 공기의 바다 가장 아랫부분에 있기 때문에 일정량의 공기 무게를 재는 것이 불가능하지 않을까? 그렇다면 차라리 공기가 없는 상태의 무게를 재서 비교하는 것이 더 쉽지 않을까?

우선 '빈' 유리 공을 준비한다(여기에서 '빈'은 공기 외에는 아무것도 들어 있지 않다는 뜻이다). 이 유리 공을 지렛대를 응용한 천칭(맞저울)의 한쪽에 올려놓고 다른 쪽과 수평을 맞춘다. 그런 다음 진공흡입기를 이용해서 유리 공에 들어 있는 공기를 전부 빼내면, 공기가 빠져나간 만큼 유리 공의 무게가 줄어들어 반대편 저울추가 아래로 내려간다.

이제 유리 공의 부피(일정량의 공기)와 유리 공의 무게 변화를 통해 공기의 무게를 계산할 수 있다. 일반적으로 공기 1리터의 무게는 1.293그램이다(참고로 물 1리터의 무게는 1,000그램이다). 이 실험은 반대 순서로 진행할 수도 있다. 먼저 유리 공에서 공기를 빼낸 후 천칭에 올려놓고 수평을 맞추면 차차 공기가 유리 공으로 빨려 들어가면서 무게에 변화가 생기는데, 공기가 다 채워져 더는 변화가 없을 때 늘어난 무게를 측정하면 된다.

공기의 무게를 재고 나니 얼마나 많은 공기가 지구를 둘러싸고 있는지 궁금해진다. 과연 알아낼 수 있을까? 일반적으로 물질의 양은 부피를 계산해서 알아낸다. 그리고 부피는 면적에 높이를 곱하면 알 수 있다. 여기서 지구상에 존재하는 '공기 바다'의 면적은 지구의 총면적이며, 원구의 면적을 구하는 공식(4×원구의 반지름의 제곱×π)을 이용해서 간단하게 계산할 수 있다. 지구의 반지름이 약 6,400킬로미터니까 지구 표면의 총면적은 약 5억 제곱킬로미터가 된다. 이것으로 '공기 바다'의 표면 면적은 구했다. 이제 높이만 알면 된다.

지구 대기권은 어떻게 생겼을까?

지구 대기권의 높이는 과연 얼마나 될까? 아쉽게도 이 질문에는 정확한 답을 구할 수 없다. 지구의 대기권과 우주 사이에 명확한 경계선이 그어져 있는 것이 아니라, 대기의 고유한 특성이 줄어들면서 점차 우주의 경계로 넘어가기 때문이다. 지상 1,000킬로미터까지는 매우 소량이지만 여전히 공기의 흔적이 남아 있다. 그리고 더 높이 올라가면 갈수록 공기는 더욱 희박해진다.

지상에서 약 10킬로미터까지의 대기를 '대류권*troposphere*'이라고 한다. 대류권에는 지구를 둘러싸고 있는 공기의 80퍼센트가 들어 있으며 공기 밀도가 가장 높다(대류권 안에서도 해수면의 공기 밀도가 에베레스트 산 정상보다 훨씬 높다). 그리고 날씨에 관한 모든 사

지구 대기권의 구조

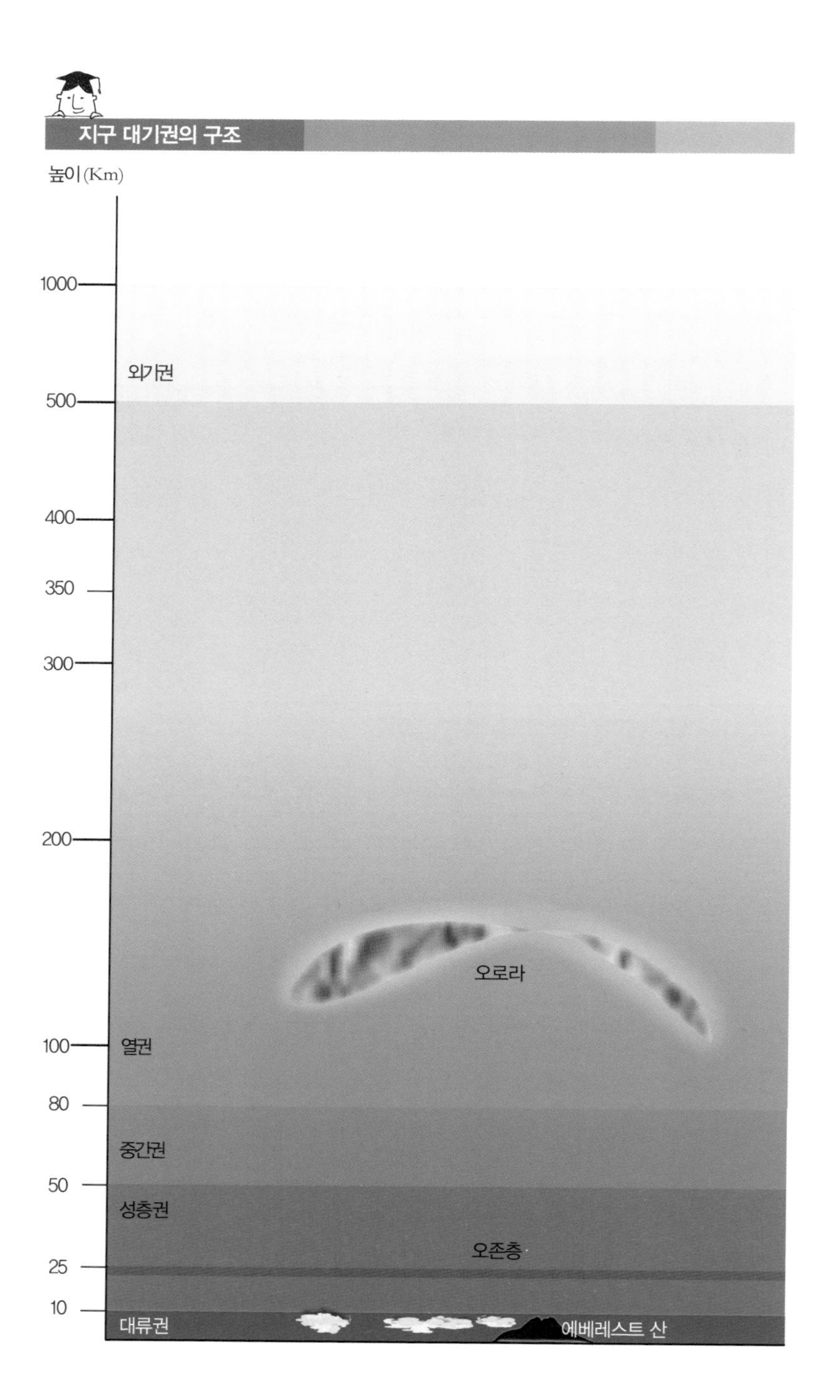
높이(Km)
1000
외기권
500
400
350
300
200
오로라
100
열권
80
중간권
50
성층권
오존층
25
10
대류권
에베레스트 산

건은 이곳 대류권에서 일어난다. 날씨는 약 10킬로미터 상공까지의 높이에서만 발생한다는 의미이다.

대류권에서는 높이가 낮아질수록 기온이 올라간다. 지표면이 방출하는 열 때문이다. 반면 대류권 위에 놓여 있는 '성층권*stratosphere*'은 오존층이 태양의 자외선을 흡수하기 때문에 높이 올라갈수록 기온이 올라간다. 대류권에서 성층권으로 넘어가는 중간층의 경계를 '대류권계면*tropopause*'이라고 부르는데, 성층권은 이곳에서부터 약 50킬로미터 상공까지 이른다.

성층권의 공기는 아주 고요하며 일정한 온도를 유지하기 때문에 매우 안정적이다. 그곳에는 아주 드문 경우를 빼고는 구름도 존재하지 않는다. 성층권 약 25킬로미터 상공에는 오존층*ozone layer*이 형성되어 있다.

오존O_3은 세 개의 산소원자가 결합한 산소분자이다. 산소는 일반적으로 두 개의 산소원자가 결합한 안정적인 형태의 산소분자O_2로 존재하지만, 성층권의 산소분자는 태양이 방출한 강한 자외선을 받아 두 개의 산소원자로 분해된다.

그래서 성층권에는 산소분자와 산소원자가 섞여 있는데, 이들이 결합하면 불안정한 성질의 오존이 된다. 그리고 오존분자는 자외선을 흡수하여 다시 쪼개졌다가 새로 결합하는 과정을 반복하며, 이를 통해 대기는 오존의 일정량을 안정적으로 유지한다.

성층권 위쪽에서 약 80킬로미터 상공까지는 '중간권*mesosphere*'

이다. 중간권에는 수증기가 매우 적어 기상 현상이 일어나지 않는다. 또한 지표면으로부터 멀리 떨어져 있어 지표면이 방출하는 열을 받지 못하고, 태양으로부터도 멀리 떨어져 있어 지구 대기권에서 가장 온도가 낮다.

중간권 위쪽 80킬로미터에서 500킬로미터 사이의 영역은 '열권 *thermosphere*'이다. 열권에서는 극지방 고위도 지역에서 흔히 볼 수 있는 오로라*aurora* 현상이 생기는데, 대개는 90킬로미터에서 150킬로미터 사이에 주로 생기나 드물게는 수백 킬로미터 이상까지 미치기도 한다. 열권 위쪽으로는 대기권의 제일 바깥층인 '외기권 *exosphere*'이 이어진다.

공기 저울로 대기의 무게 재기

이제 우리는 지구 대기권과 우주 사이에 확실한 경계선이 없고 공기가 지구 둘레에 동일한 밀도로 퍼져 있는 게 아니기 때문에 단순한 부피계산법(면적×높이)으로는 답을 구하기 어렵다는 사실을 알게 되었다. 그렇다면 지구를 둘러싼 공기 무게를 알아낼 방법은 없는 것일까? 물론 그렇지 않다. 대기권의 공기량을 측정하는 다른 방법이 있다.

우선 지구를 둘러싸고 있는 대기의 무게를 잰 다음에 우리가 이미 알고 있는 공기의 무게(리터당 1.293그램)로 나누면 된다. 그렇지

토리첼리의 수은 기압계

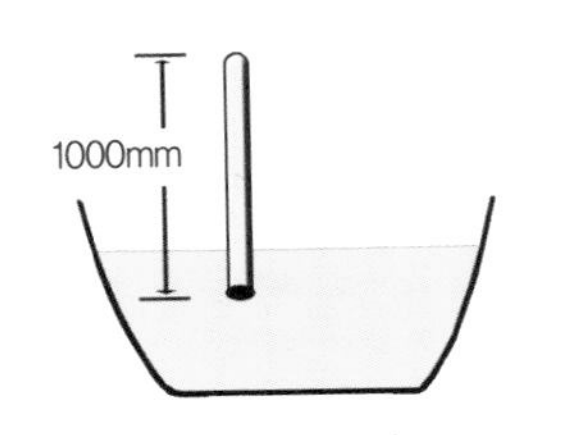

■ 수은으로 채워진 유리관을 열기 전 상태

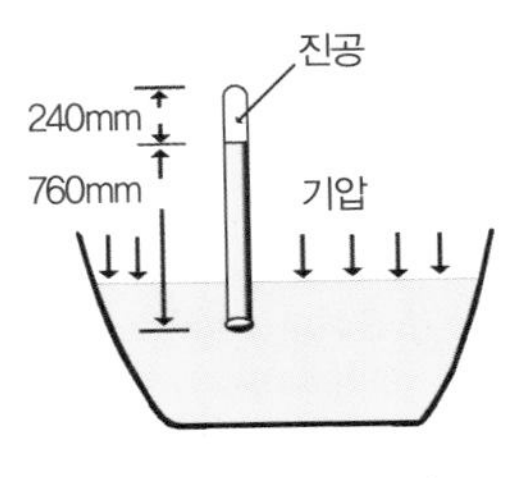

■ 유리관을 연 상태

만 저울 위에 올려놓을 수가 없으니 대기의 전체 무게를 어떻게 잰단 말인가? 물론 대기의 전체 무게를 한꺼번에 잴 수는 없지만 그중 일부분은 잴 수 있다.

이탈리아의 물리학자이자 수학자인 에반젤리스타 토리첼리 *Evangelista Torricelli*(1608~1647)가 우리의 고민을 해결해줄 '공기 저울'을 발명했다. 갈릴레오 갈릴레이*Galileo Galilei*(1564~1642)의 제자인 토리첼리는 우리가 '공기 바다'의 바닥에서 살고 있으며 공기가 압력을 가지고 있다는 사실을 알고 있었다.

그는 실험을 통해 공기의 압력을 측정했다. 길이 1미터에 횡단면 면적이 1제곱센티미터인 유리관에 수은을 가득 채운 다음 그 유리관을 수은으로 가득 찬 용기에 수직으로 세우자 유리관 속 수은의 높이가 760밀리미터가 되었다. 그 위의 공간, 즉 수은 기둥 위의 나머지 240밀리미터 공간은 진공 상태이며, 이 공간을 '토리첼리 진공'이라고 부른다.

유리관에 담긴 수은이 용기 속으로 모두 흘러내리는 것을 막고 용기에 들어 있는 수은보다 높이 올라가도록 작용하는 것이 '기압'이다. 토리첼리는 이 실험을 통해 용기에 담긴 수은의 표면을 유리관에 들어 있는 760밀리미터 높이의 수은기둥과 똑같은 무게의 공기가 누르고 있다는 사실을 유추해냈다.

이 실험 결과를 응용하면 지구 표면을 누르고 있는 '공기 바다'의 전체 무게를 계산할 수 있다. 유리관에 들어 있는 76세제곱센티미터의 무게는 1,033그램이다. 그리고 이 무게는 면적이 1제곱센티미터이고, 높이가 우주까지 이어지는 '공기 바다'의 위쪽 끝 한계선까지인 공기기둥의 무게와 정확하게 일치한다.

토리첼리의 저울이 정확하다면 1제곱미터의 면적을 누르는 공기기둥의 무게는 벌써 1만 330킬로그램(10.33톤)이 된다. 10톤이 넘는 무게인 것이다. 지구 표면의 모든 1제곱미터 위를 이렇게 엄청난 무게가 누르고 있다. 인간의 머리 표면 면적이 약 270제곱센티미터인 것을 생각하면, 우리는 머리 위에 항상 약 280킬로그램이나 되는 공기기둥을 이고 살아가고 있다는 말이 된다.

우리가 이런 무게를 이고 살면서도 목이 부러지기는커녕 심지어 느끼지도 못한다는 사실이 더욱 놀랍다. 우리가 아무것도 느끼지 못하는 이유는 공기 압력이 위에서 아래로 수직으로만 가해지는 게 아니라 모든 방향에서 같은 정도의 압력이 가해지고 있기 때문이다. 아주 가끔 압력을 느낄 때가 있는데, 예를 들어 비행기가 높이 상승하거나 엘리베이터를 타고 고층으로 올라갈 때가 그렇다. 이때 우리 귀는 압력 차이 때문에 통증을 느낀다.

우리는 앞에서 지구 표면의 면적(약 5억 1,000만 제곱킬로미터)을 이미 계산했기 때문에 이제 지구 대기의 총무게를 계산할 수 있다. 지구 총면적 5억 1,000만 제곱킬로미터에 1제곱미터의 지구 면적을 누르는 공기의 무게 10.33톤을 곱하면 대기의 총무게는 약 5,200조 톤이 된다.

이제 지구 대기의 총무게로 대기의 높이를 계산할 수 있게 되었다. 계산해보면 지구 대기의 높이는 약 8,000미터가 나온다. 이 결과는 계산 방법상으로는 옳지만 계산 결과 자체는 틀렸다. 우리는 이미 지구 대기의 높이가 1,000킬로미터임을 알고 있다.

또한 대기의 밀도가 높이 올라가면 올라갈수록 엷어진다는 사실도 알고 있다. 이미 50킬로미터에서 70킬로미터 상공만 해도 해수면에 존재하는 공기 밀도의 천분의 일밖에 되지 않는다. 올바르게 계산했는데도 틀린 결과가 나온 이유는 계산을 하면서 공기기둥이 밑에서 위까지 똑같은 밀도를 가지고 있다고 가정했기 때문이다. 따라서 지구 대기의 실제 높이보다 현저히 낮은 값이 계산되어 나온 것이다.

그럼 낮은 곳에 있는 대기층은 왜 밀도가 더 높을까? 가장 아래에 있는 공기층에 위에 있는 공기층 무게가 더해지기 때문이다. 기체인 공기는 압축되기 때문에 가장 아래층은 가장 강하게, 중간층은 약간, 위에 있는 공기층은 아주 조금 압박을 받는다. 공기기둥은 높이 쌓아 올린 깃털 베개와 같은 형태라고 보면 된다. 가장 아래에 있는 베개는 짓눌린 반면 가장 위에 있는 베개는 원래 형태를 유지하고 있는 것과 같은 원리다.

우리는 '공기 저울'을 활용해 높이 증가에 따라 기압이 감소하는 정도를 측정하는 기압계로 사용할 수 있다. 앞에서 살펴봤듯이 해수면에서 이 기압계의 수은기둥 높이는 약 760밀리미터를 가리킨다. 그리고 높이가 3,000미터인 어떤 산의 정상에 가져가면 약 500밀리미터, 지구에서 가장 높은 에베레스트 산 정상(8,846미터)에서는 약 250밀리미터를 가리킨다.

그런데 기압을 수은기둥의 길이를 나타내는 밀리미터 단위로 표기하는 것은 물리학 계산 방식에 적절하지 않다. 그래서 기압에 대해서는 다른 단위를 사용한다. 압력(P)은 평면(A)에 직각으로 미치는 힘(F)으로 물리학 공식으로 표현하면 P=F/A이다.

우리는 760밀리미터의 높이를 가진 수은기둥의 무게가 1,033그램이고, 무게란 어떤 물체가 지구의 중력 때문에 얻게 된 힘일 뿐임을 알고 있다. 따라서 수은기둥의 높이가 760밀리미터라는 것은 1제곱센티미터당 1,033그램의 압력이 가해지고 있다는 의미가 된다. 언제부턴가 이 760밀리미터의 압력을 '1기압'이라고 표기하기 시작했다. 물리학 방식으로 표시하자면 1기압은 1.01325바*bar*다. 기압의 단위는 1바의 천분의 일인 1밀리바*millibar*(기호 mb)를 쓰니까, 결국 1기압은 1,013.25밀리바가 된다.

그리고 1983년에 개최된 세계기상기구*WMO, World Meteorological Organization* 총회에서 기압을 나타내는 단위인 밀리바를 국제 표기 방식인 '헥토파스칼*hectopascal*(기호 hPa)'로 변경하기로 결정하였다. 1헥토파스칼은 1밀리바와 같다. 따라서 대략적으로 봤을 때 760밀리미터 수은기둥의 기압, 즉 1기압은 약 1,000헥토파스칼(약 1,000밀리바)이 된다.

이제 우리는 지구 대기를 관찰할 수 있는 훌륭한 물리학적 기초를 닦았다. 지구는 지름이 약 13,000킬로미터에 달하는 공 모양의 암석으로 그중 삼분의 이가 바다로 덮여 있으며 1,000킬로미터 두께의 공기막으로 둘러싸여 있다. 그리고 우리가 날씨라고 말하는 현상은 땅에서부터 약 10킬로미터 상공까지 해당되는 가장 낮은 공기층, 즉 대류권에서만 발생한다. 또한 지구 표면과 직접 닿아 있는 대기의 공기 밀도가 가장 높고 위로 올라갈수록 공기 밀도가 낮아진다.

대기를 구성하는 다양한 기체들

대기가 기체로 이뤄졌기 때문에 기체란 무엇이고, 어떻게 움직이며, 어떤 특성을 가지고 있는지에 대해서 확실하게 알아둘 필요

■ 수백만 년 전부터 식물은 이산화탄소를 흡수하여 지구 대기의 균형을 맞춰왔다.

가 있다. 그래야 대기에서 어떤 일이 벌어지는가를 이해할 수 있다. 기체란 무엇인가? 매우 간단하다. 고체도 액체도 아닌 물질이다. 이때 잊지 말아야 할 점은 온도가 충분히 높으면 거의 모든 고체가 액체나 기체 형태로 변할 수 있다는 것이다(물론 반대의 경우도 성립한다). 예를 들어 공기는 1바의 압력에서 온도가 영하 192도로 내려가면 액체 상태가 된다.

지구라는 행성은 이 세 가지 형태의 물질로 이루어져 있다. 지구의 본체는 딱딱하고(암석), 매우 많은 액체(물)로 덮여 있으며, 기체로 된 투명한 외피(대기)가 둘러싸고 있다. 지구를 보호하는 기체 외피는 수십억 년에 걸쳐 지구 스스로가 만들어냈으며, 다양한 기체가 섞여 있다. 그리고 이런 구성 상태가 지구상에 생명체가 존재할 수 있는 결정적인 전제 조건이 된다.

생명체에게 결정적으로 중요한 역할을 하는 기체는 산소*O, oxygen*이다. 산소가 없으면 고등 생물이 존재할 수 없다. 산소 없이 잘 살아가는 박테리아도 있기는 하다. 그러나 거의 모든 생명체에게 산소가 필요하며, 우리는 이 사실로부터 지구 대기에 존재할 수밖에 없는 다른 기체를 유추해낼 수 있다. 바로 이산화탄소CO_2다.

우리가 폐로 받아들여서 혈액을 통해 몸속 세포까지 운반하는 산소는 탄화수소(탄소와 수소만으로 이루어진 화합물)로 이뤄진 영양분을 태우는 데 필요하다. 음식에 들어 있는 탄소*C, carbon*는 타면서 이산화탄소가 되고, 수소*H, hydrogen*는 물H_2O이 된다. 이 과정을 통해 공기 중에 수증기가 발생하기도 한다. 물론 생명체의 호흡으로 발생하는 수증기의 양은 매우 적고, 공기 중에 있는 대부분 수증기는 바닷물이 증발해서 생겨난 것이다.

평균적으로 공기 중에 있는 수증기의 비율은 0.1퍼센트에서 1.0퍼센트 정도이고, 대기는 수증기의 일부를 비와 눈의 형태로 내려보낸다. 결국 수증기는 여러 가지 길을 거쳐서 다시 바다로 흘러간다. 이산화탄소도 식물이 숨을 '들이쉼'으로써 다시 흡수된다. 식물이 세포를 만들어내기 위해서는 탄소가 필요하기 때문이다. 식물은 이 과정에서 나오는 산소를 다시 '내쉰다'.

수백만 년 전부터 지구 대기의 이산화탄소 양은 일정했다. 다시 말해서 연소 과정을 거쳐 이산화탄소가 발생하는 양만큼을 식물이 흡수했다는 의미다. 그러나 산업혁명 이후 식물이 받아들이는 것보다 더 많은 이산화탄소가 대기로 내뿜어지고 있다. 그런데도 대기 중 이산화탄소의 비율은 매우 낮다. 현재는 대기의 약 0.04퍼센트를 차지하며 계속해서 증가하고 있다.

대기 중 산소의 비율은 약 20퍼센트이며 질소가 약 78퍼센트로 가장 많은 부분을 차지하고 있다. 나머지는 비활성화 기체들인데, 그중에서는 아르곤의 비율이 1퍼센트로 가장 높다. 이 비율들은 지구 표면에 있는 공기가 건조할 경우에 해당된다.

질소·산소·이산화탄소 등으로 이뤄진 대기는 높이에 따라 공기 중에 섞여 있는 기체 비율이 달라진다. 무거운 기체가 아래쪽 공기층에 몰려 있기 때문이다. 얼핏 지구 중력이 무거운 기체를 더욱 강하게 끌어당겨서라고 생각하기 쉽지만 사실은 그렇지 않다. 지금까지의 계측에 의하면 무거운 기체인 산소와 질소가 상당히 높은 대기층에도 존재한다. 그럼 대기에 명확한 층이 존재하는 이유는 무엇일까?

높이 20킬로미터까지는 앞에서 말한 비율대로 기체들이 골고루 섞여 있다. 하지만 그 위부터는 무게가 다른 기체들이 분리되어 공기층을 형성한다. 아래쪽의 대류권은 바람의 작용으로 모든 기체가 움직여 균등하게 섞여 있지만, 그 위에 있는 성층권은 바람 한 점 없이 고요해 기체들이 서로 분리되어 층을 형성하는 것이다. 그리고 이렇게 기체들이 분리되는 데에는 우주에서 들어오는 광선도 영향을 미친다.

그런데 이쯤에서 한 가지 궁금증이 생긴다. 방금 20킬로미터까지는 공기 중의 기체 비율이 유지된다고 했는데, 왜 등산가들이 높은 산을 오를 때 호흡곤란을 호소할까?

에베레스트나 K2 등 높은 산을 오르는 등산가들은 약 3,000미터 높이에서부터 산소가 부족해 숨쉬기 어려워진다. 이때부터 등산가들은 숨을 더욱 깊이 들이마시게 되고 산소 부족 때문에 적혈구가 더 많이 형성된다. 그리고 7,000미터부터는 더욱 힘들어진다. 피로감, 빠른 맥박, 집중력 감소, 어지럼증 같은 고산병 증세가 나타나 도전정신으로 무장한 등산가를 괴롭힌다. 고산병 때문에 정신을 잃거나 심지어 사망할 수도 있다.

이런 증상은 공기 중 산소의 비율이 감소했기 때문에 생기는 것이 아니다. 산소의 비율은 이 높이에서도 약 20퍼센트를 유지한다. 단지 우리가 이미 알고 있는 바대로 전체적으로 공기의 밀도가 낮아지는 것이 문제다. 밀도가 낮아 한 번의 호흡으로 폐에 충분한 양의 산소를 공급하지 못하기 때문에 생기는 현상이다.

이제 앞에서 '공기 바다'라고 표현한 대기의 그림이 어느 정도 명확해졌다. 대기는 단순히 지구의 표면 위에 균등하게 퍼져 있는 공기막이 아니라 아래쪽의 밀도가 가장 높고 위로 올라갈수록 희박해지는 성질을 지녔다. 또한 다양한 기체가 섞여 있으며 층을 이루고 있다.

그러나 지구 대기가 단순하게 기체로만 이뤄진 것은 아니다. 대기에는 많은 양의 고체 조각들도 떠다닌다. 새나 비행기는 말할 것도 없고 미세한 곤충, 박테리아, 먼지, 꽃가루, 동물의 털 등이 포함되어 있다. 그리고 지구 표면 가까이에는 먼지의 비율이 매우 높다. 많은 사람이 살고 있는 도시 지역에서는 그 비율이 특히 높다.

또한 사막의 미세한 모래들도 바람을 타고 위쪽으로 옮겨지고 그 중 일부는 매우 높은 곳까지 올라간다. 그렇기 때문에 사하라 사막의 모래가 스칸디나비아에서 발견되기도 한다. 화산 폭발도 공기 중의 먼지 비율을 급격하게 증가시킨다. 화산 폭발이 뿜어낸 화산재는 80킬로미터 이상까지 올라간다고 한다. 반면 일반적인 먼지는 1,000미터까지밖에 올라가지 못한다. 도시에서 발생하는 먼지들은 높은 빌딩의 가장 높은 층까지 도달하기는 하지만 땅에 가까운 곳의 먼지 밀도가 가장 높다.

Chapter 03

푸른 지구의 시작, 태양

이제 대기에서 벌어지는 사건인 날씨를 이해하는 데 필요한 배경지식을 갖췄다. 어떤 기체가 모여서 대기를 이루는지, 대기가 어떤 층으로 나뉘어 있는지 알게 되었고, 대기가 사람을 포함한 지구 표면에 압력을 가하고 있다는 사실도 확인했다. 그러나 여전히 날씨가 어떻게 만들어지는지는 모르고 있다.

특정 지역의 날씨를 관찰하고 기온, 습도, 기압, 풍향, 풍속 등을 도구를 이용해 측정하는 일은 어렵지 않다. 그런 일은 누구라도 할 수가 있다. 중요한 것은 '왜' 그러한 현상이 일어나는가를 이해하는 것이다. 베를린의 공기는 습한데 같은 시간 다른 지역의 공기는 왜 건조할까? 뮌헨에서는 푄이라고 불리는 강한 남풍이 부는데 같은 시간 베를린에서는 왜 차가운 동풍이 불까?

이런 단순한 질문의 답을 찾기 위해서는 시각을 바꿔야 한다. 지금까지는 모든 것을 아래쪽에서, 즉 지상에서 올려다봤다. 그러나 날씨를 제대로 이해하기 위해서는 위쪽, 즉 우주에서 지구를 내려다봐야 한다. 우주정거장의 창문을 통해 지구를 바라보고 있다고 상상해보자. 파란색과 흰색이 어우러진 커다란 공 모양의 지구가 눈에 들어온다. 놀라울 정도로 얇고 연약해 보이는 공기막이 태양 빛을 받아 지구가 밝은 파란색을 띠게 한다. 그렇다. 태양! 태양이 없다면 지구는 아무런 의미 없이 우주를 떠도는 차갑게 죽은 암석 덩어리에 불과하다. 태양이 뿜어내는 엄청난 에너지 중 아주 적은 부분을 만나고 나서야 지구는 생명이 숨 쉬는 곳이 되었다.

태양은 언제나 지구의 반쪽을 비추며 광선을 보내 지구 표면과 대기에 열을 전달한다. 태양광선은 태양으로부터 나오는 전자기파(주기적으로 세기가 변하는 전자기장이 공간 속으로 전파해 나가는 현상. 보통 '전자파'라고도 한다)이다. 전자기파는 에너지가 약하고 파장이 긴 전파에서 극단적으로 짧은 파장을 가진 대신 에너지가 강하고 유기체에 위험한 뢴트겐선과 감마선까지 다양하다. 날씨에 커다란 영향을 미치는 태양광선은 적외선, 가시광선, 자외선 등 모든 파장의 빛을 포함하고 있다.

적외선은 태양 빛을 프리즘으로 분산시켰을 때 적색선 바깥쪽에 있는 전자기파이다. 가시광선이나 자외선에 비해 강한 열작용을 가지고 있어 열선熱線이라고도 한다. 자외선은 가시광선보다 파장이 짧아 눈에 보이지 않지만 사람의 피부를 태우거나 살균작용을 하며, 과도하게 노출될 경우 피부암에 걸릴 수도 있다. 다행히 성층권에 있는 오존층이 대부분의 해로운 자외선이 지구 생명체까지 도달하는 것을 막아준다.

태양이 빛의 속도로 보내는 다양한 전자기파 중에서 사람의 눈은 극히 일부인 가시광선만 볼 수 있다. 가시광선은 우리 눈에 흰색으로 보인다. 그러나 가시광선의 '흰색'은 다양한 색깔(즉, 파장)이 합쳐져서 생긴 현상이다. 프리즘에 통과시키면 흰색으로 합쳐진 색이(빨강, 주황, 노랑, 초록, 파랑, 남색, 보라) 분리되어 보인다. 흔히 비가 그친 뒤에 나타나는 무지개도 빗방울이 미세한 프리즘 역할을 해서 만들어낸 것이다. 가시광선 중에서 빨간색의 파장이 가장 길며 눈에 보이지 않는 적외선과 경계를 이룬다. 보라색은 파장이 가장 짧으며 역시 눈에는 보이지 않는 자외선과 경계를 이룬다.

태양광선과 전자기파에 대해 더 깊이 들여다보면 태양이 지구 환경과 우리 삶에 어떤 영향을 미치는지 다각도로 확인할 수 있다. 하지만 날씨를 이해하는 데는, 태양광선에 다양한 전자기파가 섞여 있으며 그중에는 파장이 너무 길거나 짧아서 우리 눈에 보이지 않는 것들도 있다는 사실 정도만 알아도 충분하다.

태양광선이 지구를 비추면 어떤 일이 생길까?

태양은 얼마나 많은 빛에너지를 지구로 보내는 것일까? 과학자들이 계산한 바에 따르면 1제곱센티미터의 대기권 표면에 1분당 약 2칼로리의 태양에너지가 도달한다(1칼로리는 1그램의 물을 섭씨 1도 올릴 수 있는 열에너지다). 그럼 태양광선이 지구 대기와 만나면 어떤 일이 벌어질까?

그냥 공기막이 따듯해지겠지 하고 생각하기 쉽지만 당연할 것 같은 이 생각은 아쉽게도 틀렸다. 공기는 액체나 고체가 아닌 기체이기 때문이다. 태양광선에 다양한 파장을 가진 전자기파가 마구 섞여 있는 것처럼 대기에도 여러 기체 분자가 뒤섞여 있다. 여기에다 먼지와 미세입자까지 섞여 있다. 결국 마구 섞여 있는 전자기파 덩어리가 마구 섞여 있는 기체와 미세입자를 만나는 것이다. 때문에 어떤 질서 정연한 결과보다는 혼돈한 결과가 나타난다.

먼저 '빛이 기체를 만났을 때' 나타나는 세 가지 현상을 살펴보자.

- **빛의 반사**: 빛이 마치 거울을 만난 것처럼 부딪혀 튕겨 나간다.
- **빛의 투과**: 빛이 유리창을 만났을 때처럼 그냥 통과해버린다.
- **빛의 흡수**: 빛이 검은 물체를 만났을 때처럼 물체에 흡수되어버린다.

빛이 물질(여기에서는 공기 분자)을 만났을 때 일어날 수 있는 기본적인 세 가지 현상은 반사, 투과, 흡수이다. 앞의 두 현상에 대해서는 별 문제 없이 이해할 수 있다. 거울(반사)이나 유리창(투과)을 생각하면 되기 때문이다. 그렇지만 흡수는 어떤가?

광선은 한 조각의 물질(여기에서는 기체 분자)이 삼킨다고 해서 간단하게 사라지지 않는다. 광선은 에너지의 한 형태이고 에너지는 마치 아무 일도 없었던 것처럼 그냥 사라져버리지 않기 때문이다. 이것은 자연법칙이다(에너지 보존 법칙). 에너지는 사라질 수 없고 단지 다른 형태의 에너지로 변할 뿐이다. 따라서 기체 분자가 광선을 삼킨다는 것은 어떤 다른 변화가 생긴다는 의미이다. 그렇다면 빛의 흡수는 어떤 변화를 가져올까?

예를 들어, 흡수된 에너지는 두 개의 산소원자로 구성된 산소분자 O_2를 각각의 산소원자로 분리시킬 수 있다(O_2는 대기권에서 가장 일반적으로 나타나는 산소의 형태이다). 이런 현상이 대기의 상층부에서 발생한다. 매우 강력한 에너지를 가진 자외선이 산소분자를 각각의 산소원자로 분리시키는 것이다.

분리된 산소원자는 매우 불안정한 상태이기 때문에 곧바로 다시 결합하려는 성질을 보이는데, 이때 세 개의 산소원자가 결합해서 소위 오존O_3이라고 하는 산소분자를 만든다. 세 개의 산소분자 O_2가 분리되어 여섯 개의 산소원자가 되고, 이들이 결합하여 두 개의 산소분자 O_3로 변하는 것이다.

그러나 오존 역시 불안정한 상태인 탓에 다시 보통의 산소분자 O_2로 돌아가는데, 이 과정에서 열에너지를 방출한다. 결국 대기의 오존층이 지구 생명체에게 위험한 성질을 지닌 자외선 일부를 흡수하여 전혀 해롭지 않은 열에너지로 전환시키는 것이다. 오존층은 지구 생명체를 지키는 보호막 역할을 한다. 여기에서 흥미로운 것은 지구 생명체를 위험한 광선으로부터 지켜주는 오존층이 바로 그 광선 때문에 생겨난다는 점이다. 이건 마치 우리에게 쏟아지는 비가 비에 젖지 말라며 우산도 함께 내려보내는 것과 마찬가지이다.

태양광선의 흡수가 지구에 미치는 또 다른 영향은 이온화다. 이온화는 강한 에너지를 가진 광선을 흡수하는 과정에서 분자 혹은 원자에서 전자가 분리되는 현상이다. 이온화되면서 중성이던 분자 혹은 원자가 전기적으로 양의 성질을 띠게 된다. 그리고 반대로 분

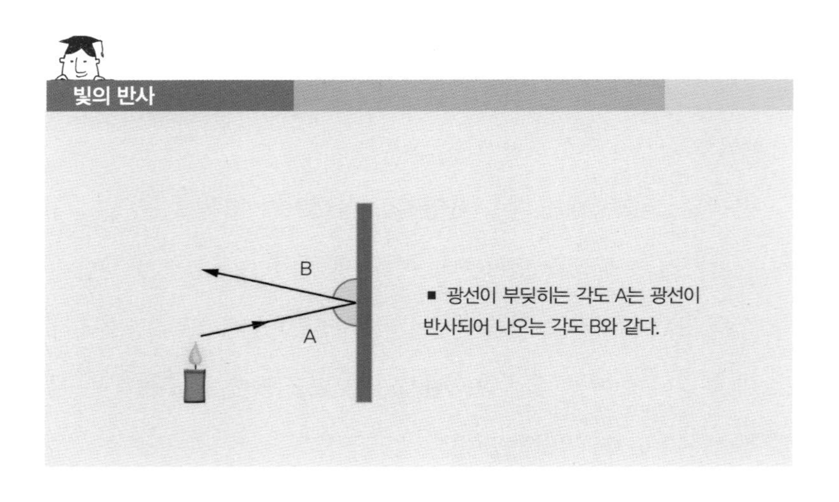

리된 전자가 어떤 분자 혹은 원자에 달라붙으면 그 분자 혹은 원자는 음의 성질을 띠게 된다.

여기까지가 흡수에 대한 설명이다. 그렇다면 반사는, 즉 물질에 의한 광선의 되돌림 현상은 어떨까? 반사는 물질의 변화 없이 운동 방향만을 바꾸며, 당구대 벽에 부딪히는 당구공처럼 어떤 각도로 부딪히느냐에 따라 결과가 다르게 나타난다. 물론 광선의 반사에도 당구대의 법칙이 적용된다. 광선이 물질의 표면에 부딪히는 각도가 반사되는 각도를 결정하는 것이다.

그러나 반사 작용으로만 광선의 방향이 바뀌는 것은 아니다. 빛이 투과할 때도 경우에 따라 강도가 다른 굴절이 발생한다. 예를 들어 빛은 프리즘을 통과하면서 각각의 색깔(각각의 파장)에 따라 다르게 굴절되어 무지개색의 스펙트럼으로 나타난다. 에너지가 강한 파란색은 상대적으로 에너지가 약한 빨간색보다 더 강하게 굴절되는데, 이런 과정을 거쳐 색이 분리되는 것이다.

광선의 지구 여행과 푸른 하늘의 비밀

지구에 도달한 후 흡수되지도, 대기권을 그냥 통과하지도 않은 태양광선들은 어떻게 될까? 이 질문에 대한 답도 우리는 이미 알고 있다. 이런 광선들은 공기 분자에 부딪혀 모든 각도로 반사된다. 태양과 지구 사이는 거리가 아주 멀기 때문에 우리는 태양광선이 지구에 평행으로 도달한다고 가정할 수 있다. 그리고 지구에 도달한 광선 중 일부는 공기 분자에 정확하게 일직선으로 부딪혀 왔던 방향 그대로 반사된다. 나머지 광선들은 공기 분자와 비스듬한 각도로 부딪히기 때문에 제각각 다양한 각도로 반사된다. 물론 이것으로 빛의 여정이 끝나는 것은 아니다. 지구 대기에는 무한하게 많은 분자가 있어 반사된 광선들은 다시 다른 분자에 부딪혀서 반사되고 또 다른 분자에 부딪혀 반사된다. 이 과정은 광선이 지구 표면에 도달할 때까지 계속된다. 결국 태양광선은 대기에 의해 모든 방향으로 굴절되어 마치 지구 표면에 안개비가 내리는 것처럼 광선 비를 내린다. 그리고 공기 분자에 부딪혀서 방향이 바뀐 상당수의 태양광선은 지구 표면에 도달하지 못하고 우주로 되돌려 보내진다. 태양광선은 흡수뿐만 아니라 반사를 통해서도 그 위력이 약해진다.

공기 분자에 의한 태양광선의 반사

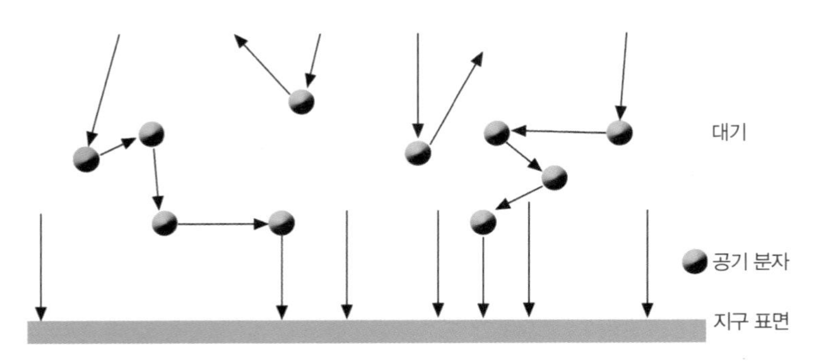

태양광선은 대기의 반사 작용을 거쳐 지구 표면에 흩어진 형태의 빛으로 도착하기 때문에, 낮에 태양이 구름에 가렸을 때처럼 직접적인 태양광선이 없는 경우에도 우리가 주변을 볼 수 있다. 같은 원리로 밝은 태양광선을 가로막아 생긴 짙은 그림자 속에 숨은 사물도 볼 수 있다. 그림자에도 공기 분자에 부딪혀 분산된 빛이 도달하기 때문이다.

또한 분산된 빛에 의해 새벽의 먼동과 밤이 되기 직전의 석양도 나타난다. 이때 태양광선은 지평선 아래에 있다. 즉, 아직 우리에게 직접적으로는 도달하지 않은 상태다. 그러나 지평선 아래 높은 대기에는 이미 태양광선이 도달해 있고, 그곳에서 태양광선이 여러 방향으로 분산되어 우리에게까지 온다. 지구 표면에서 200킬로미터 이상 떨어진 높은 대기에도 빛을 분산시킬 충분한 공기 분자가 존재하기 때문이다.

우리가 알고 있는 바와 같이 태양광선은 다양한 길이를 가진 파장으로 이뤄져 있다. 당연히 다른 파장을 가진 빛은 다른 강도로 분산되는데, 이를 '빛의 산란'이라고 한다. 영국의 물리학자 존 윌리엄 스트럿 레일리*John William Strutt, Rayleigh*는 이 문제를 연구해서 하나의 물리 법칙을 찾아냈다. 그래서 빛의 산란을 '레일리 산란'이라고도 한다.

이 법칙에 따르면 빛은 에너지가 강할수록, 즉 파장이 짧을수록 공기 분자나 미세한 입자에 부딪혀 산란되는 정도가 강하다. 그래서 빛 중에서 보라색과 파란색은 녹색, 노란색, 주황색, 빨간색보다 더 강하게 산란되어 공간으로 분산되고, 이렇게 산란된 색들이 합쳐지면서(많은 양의 보라색과 파란색, 적은 양의 녹색 그리고 더 적은 양의 노란색, 주황색, 빨간색) 우리가 생각하는 전형적인 하늘색이 나타난다. 원래 우주에서 바라본 하늘(우주 공간)의 색깔은 우리가 보는 것과는 달리 검은색이다. 빛을 산란시키는 대기 때문에 오직 지구에서만 파란 하늘을 볼 수 있는 것이다.

그러나 하늘의 색깔이 파란색만 있는 것은 아니다. 날씨에 따라 다양한 색이 나타난다. 일출과 일몰 때 하늘은 대부분 노란색이나 붉은색 혹은 진홍색을 띤다. 지평선 가까이에서 출발한 태양광선은 공기 밀도가 높은 층을 상당히 오랫동안 통과해야 하기 때문이다. 이때의 태양광선이 통과하는 공기층은 태양이 가장 높이 떠 있

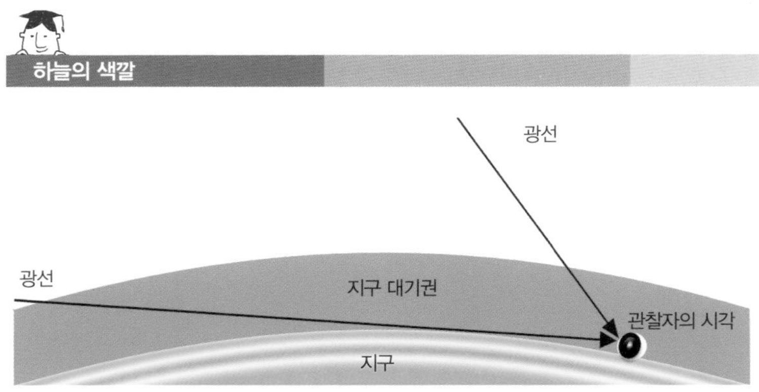

■ 머리 위쪽에 태양이 떠올라 있으면 태양광선은 대기권을 짧은 거리로 통과하여 관찰자의 시각에 들어온다.

■ 푸른 하늘은 빛을 산란시키는 대기가 준 아름다운 선물이다.

을 때보다 무려 30배나 더 길다. 빛이 통과하는 거리가 길수록 산란할 기회가 많아지고, 우리 눈에 도달한 빛 중에서 산란을 통과한 빛의 비중이 늘어난다. 그리고 파장이 짧은 광선들은 대부분 대기에 머물러 있는 반면 파장이 길어서 산란이 적게 되는 빨간색 파장만이 우리 눈에 도달하기 때문에 태양이 지평선에 가까울수록 하늘은 더 빨갛게 보인다.

이에 더해서 아래쪽 공기층에는 비교적 커다란 입자(먼지)가 많아 빛의 흡수가 주로 이뤄진다. 산란된 빛의 일부가 먼지 입자에 부딪혀 흡수되는 것이다. 당연히 태양이 지평선 가까이에 있으면 통과 거리가 길어지는 만큼 흡수되는 양도 많아져 우리에게 도달하는 태양광선이 현저하게 약해진다. 그래서 강렬한 색과는 달리 일출이나 일몰에 아무리 노출되어도 피부에 화상을 입는 사람은 없다.

태양광선이 지구에 와서 하는 일

여러분은 많이 혼란스러울 것이다. 대기권으로 들어온 태양광선이 문자 그대로 위아래로 마구 요동치니 말이다. 광선 중 일부는 아무런 방해도 받지 않고 지구 표면에 도달하지만 대부분은 반사되거나 흡수된다. 그리고 반사된 빛(산란광) 중에서 일부만이 지구 표면에 도달하고 나머지는 우주로 되돌려 보내진다. 또한 흰색 구름층에 반사되어 우주로 돌아가는 빛도 적지 않다.

과학자들이 연구한 결과에 따르면 지구에 도착한 태양에너지 중에서 43퍼센트만이 지구 표면에 흡수되고, 42퍼센트는 우주로 되돌려 보내진다. 42퍼센트에는 지구 표면에 부딪혀 반사된 태양광선도 포함되어 있는데, 반사 정도는 지구 표면의 성질에 따라 많이 다르다. 바다는 도달한 빛의 약 10퍼센트를 반사하는 반면 눈으로 덮인 표면은 85퍼센트를 반사하고, 흰색 얼음은 약 45퍼센트에서 70퍼센트까지를 반사한다.

그러나 지구의 사분의 삼이 물로 덮여 있기 때문에 지구 표면에 도달한 대부분의 태양광선이 바다에 흡수되어 열에너지로 변한다. 바다가 우리 행성의 주요 에너지 저장소인 셈이다.

물론 지구 대기도 태양광선의 15퍼센트나 되는 양을 흡수하여

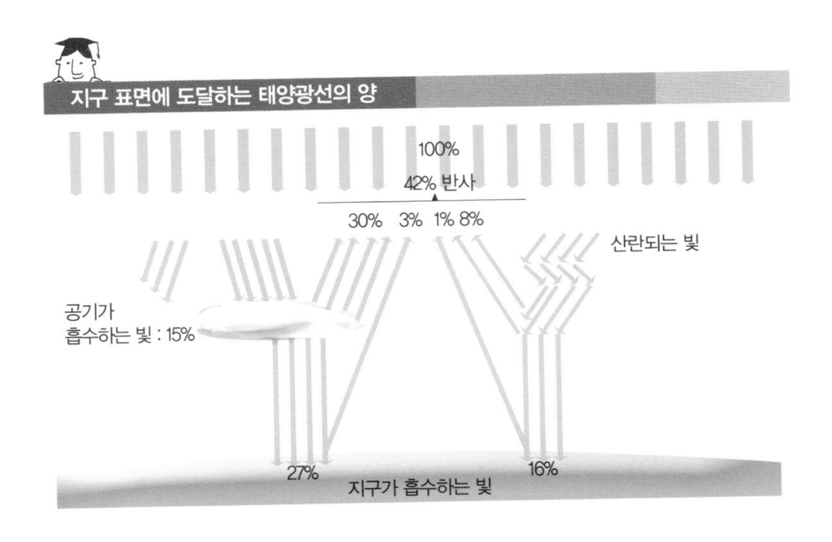

열에너지로 변환한다. 하지만 지구 대기를 데우는 데 있어 태양광선의 흡수는 매우 작은 비중을 차지한다. 앞에서 살펴본 것처럼 에너지가 강한 자외선을 흡수해서 열로 변환하는 과정은 성층권에 있는 오존층(25킬로미터 부근)에서 시작되어 40킬로미터에서 50킬로미터 상공의 온도를 크게 높인다.

그래서 10킬로미터 상공의 대기 온도가 약 섭씨 영하 50도인 반면 40킬로미터에서 50킬로미터 상공은 섭씨 영하 10도에서 영상 10도 사이로 비교적 온도가 높다. 대기가 흡수한 태양광선은 날씨에 직접적인 영향을 미치는 대기(대류권)의 온도 변화와는 별 상관이 없는 셈이다.

대기를 데우는 과정은 위로부터(태양으로부터 오는 광선)가 아니라 아래로부터(태양으로 데워진 지구 표면) 시작된다. 반사되지 않은 빛의 일부가 지구 표면을 조금 더 뚫고 들어가 흡수된다. 지구 표면 아래로 최대 1미터 정도가 흡수된 빛으로 데워지고, 지구 표면은 그 위를 덮고 있는 공기층에 파장이 긴 열복사 형태로 열을 전달한다. 당연한 말이지만 이때 공기가 땅보다 더 차가워야 한다. 자연법칙에 따라 열은 언제나 높은 곳에서 낮은 곳으로 흐르고 반대 상황은 절대로 일어날 수 없기 때문이다.

지구 표면에서 보낸 열복사는 곧바로 우주로 나가지 못하고 많은 부분이 공기층에 흡수된다. 즉, 지구 표면에서 보낸 열은 대부분이 공기막에 잡혀 지구 표면으로 되돌려 보내진다. 이것을 '온실효과*the greenhouse effect*'라고 한다. 지구 대기권은 두 가지 종류의 보호막 역할을 한다. 태양광선 중에서 에너지가 강한 부분을 대기권 높은 층에서 대부분 걸러내 지구를 보호하고, 다른 한편으로는 지구가 열을 보존할 수 있도록 해준다. 온실효과는 고등 생물이 살아가는 데 있어 반드시 필요한 기본 조건이다. 지구의 생명체는 대부분 영하 25도에서 영상 45도 사이의 비교적 좁은 영역의 기온에서 살아가기 때문이다.

약 지하 1미터까지의 지구 표면은 전기열판과 비교할 수 있다. 데워진 지구 표면은 열전도를 통해서 공기층에 직접 열을 전달한다. 그리고 열을 전달받은 공기는 물리 법칙에 따라 팽창한다. 공기가 팽창하면 어떤 일이 벌어질까? 기체의 비중이 줄어든다. 다시 말해 그 위에 있는 공기보다 가벼워진다. 그 결과 데워진 공기가 위로 올라가고, 지구 표면 위의 빈자리로 차갑고 무거운 공기가 들어와 자리를 차지한다. 그리고 이 공기도 같은 과정을 거쳐 위로 올라간다.

대기의 열 전달 방식, 대류

이렇게 해서 상승하는 따뜻한 공기와 하강하는 차가운 공기 사이에 공기의 흐름(기류)이 생긴다. 대기 중에서 일어나는 이 같은 열 전달 방식을 '대류'라고 한다. 이때 따뜻한 공기는 수직상승운동을 하면서 지구 표면이 받아들인 열에너지도 높은 곳으로 운반한다. 물론 따듯한 공기는 위로 올라가면서 가지고 있는 열에너지를 점점 옆에 있는 차가운 공기층에 전달한다. 그래서 상승하는 공기의 온도는 아래쪽이 위쪽보다 더 높다. 지구 표면에서 위로 올라갈수록 점차 온도가 떨어지는 것이다.

그러나 위로 상승하는 공기의 냉각에는 단순한 열전도보다는 따듯한 공기가 상승하면서 겪는 '역동적 냉각' 작용이 훨씬 더 중요하다. 역동적 냉각 작용은 따듯한 공기가 팽창하는 과정에서 일어난다. 따듯해진 공기는 주변에 있는 다른 공기를 밀치는 압력을 행사하면서 팽창하고, 주변 공기에 압력을 행사하는 데는 에너지가 필요하다.

상승하는 공기는 여기에 필요한 에너지를 공기 안의 열에너지로부터 얻는다. 다시 말해서, 상승하는 공기는 팽창 작용에도 열에너지를 소비해 점점 차가워지는 것이다. 상승하는 공기의 냉각은 매우 빠르게 진행된다. 100미터 상승할 때마다 약 섭씨 1도씩 온도가 내려간다.

이때 공기가 팽창 작용을 하면서 열에너지를 소비하지만 에너지의 형태가 바뀌었을 뿐 전체 에너지는 그대로라는 사실을 기억해야 한다. 상승한 공기가 차가워져서 아래로 내려오면 비중이 다시 높아지고 빠르게 원래의 온도를 되찾는다. 지구 표면은 기압이 높기 때문에 공기가 다시 압축되면서 팽창을 위해 사용했던 열에너지를 되찾는 것이다.

정리하자면, 팽창하는 기체는 열에너지를 잃고 압축되는 공기는 열에너지를 얻는다. 이런 식으로 따듯한 공기는 주변 공기와 온도가 같아질 때까지 상승하고 온도가 똑같아지면 상승을 멈춘다.

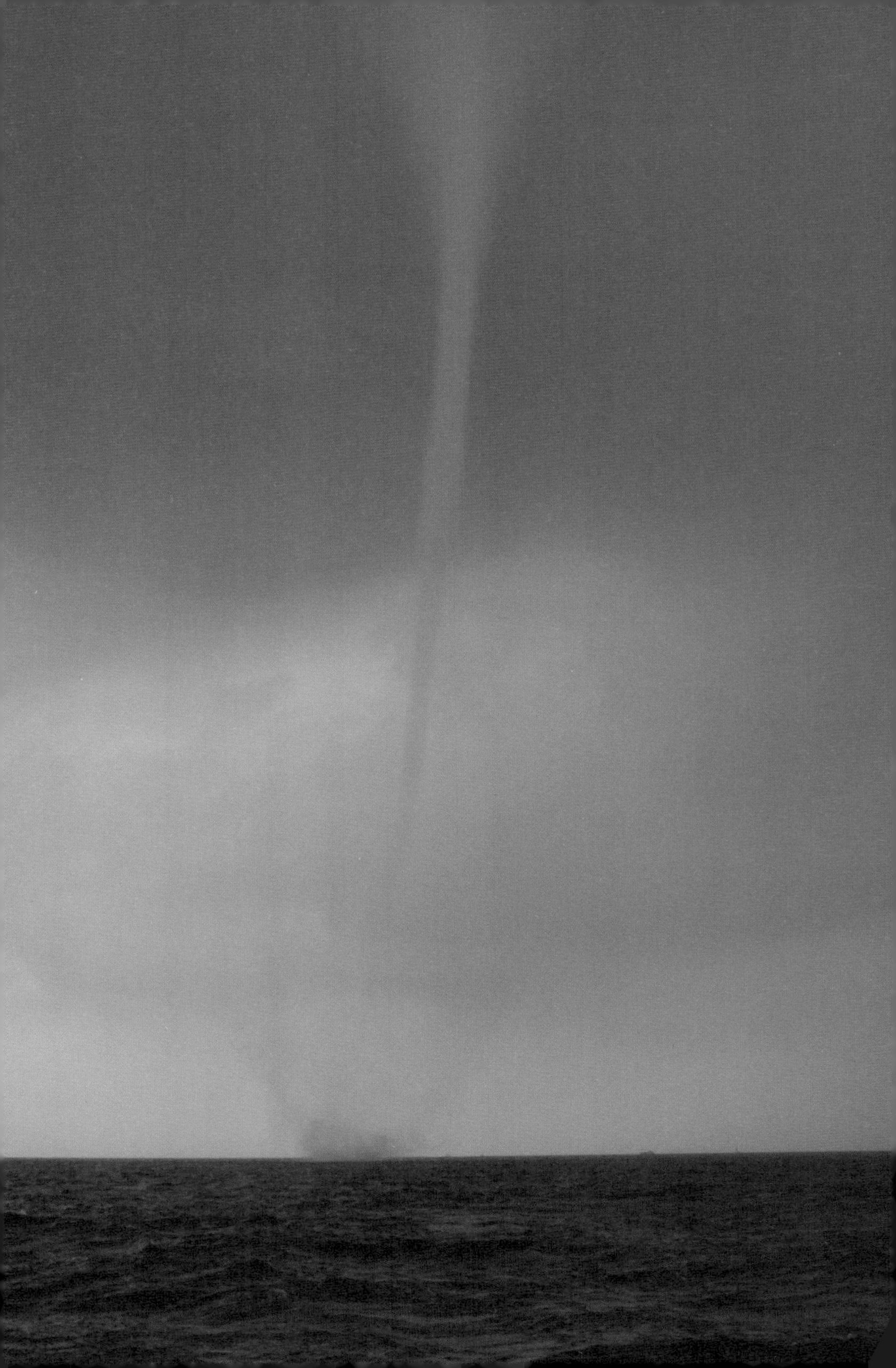

바람은 왜 불까?

지금까지는 태양광선이 지구 표면 전체를 똑같은 강도로 비춘다고 가정하고 설명했다. 그러나 태양광선이 정말로 모든 지구 표면에 같은 에너지를 전달할까? 그렇지 않다. 지구가 둥글기 때문이다. 또한 지금까지는 태양이 지구의 모든 지역에 똑같은 양의 광선을 보내는 것처럼 설명했다. 그러나 누구나 알고 있는 것처럼 이는 사실이 아니다. 태양은 언제나 지구의 반쪽만 비춘다.

태양은 지구로부터 아주 멀리 떨어져 있기 때문에 태양광선이 우리를 평행으로 비춘다고 가정할 수 있다. 태양광선은 지구의 가장 끝인 북극과 남극의 정점에서 만날 때에는 지구의 원과 정접*tangent*을 이룬다. 그리고 지구의 적도에서는 정확하게 지표면과 직각을 이룬다. 다시 말해서 지구 표면을 기준으로 봤을 때 태양광선이 내리쬐는 각도가 극점에서는 0도가 되고 적도에서는 90도가 된

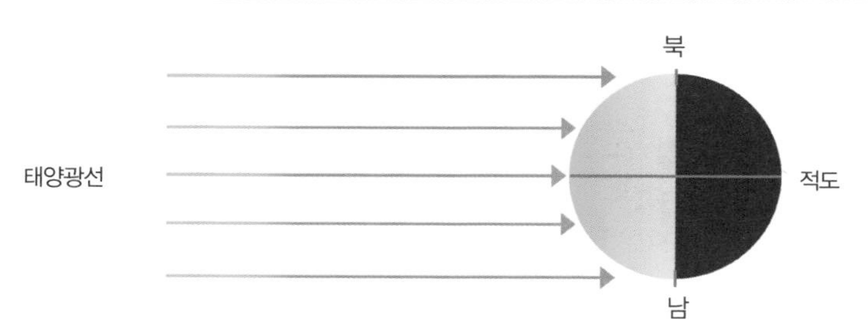

다. 태양광선이 대기를 통과해서 지구 표면에 도달하는 가장 가까운 곳이 적도라는 의미이다. 다른 곳은 모두 적도보다 거리가 멀고 양 극점은 가장 멀다.

앞에서 살펴봤듯이 태양광선이 대기를 통과하는 거리가 길면 길수록 힘이 약해지므로 적도 지역에 가장 많은 태양광선이 도달한다. 여기에다 또 다른 법칙이 추가된다. 내리쬐는 광선의 기울기가 크면 클수록 광선의 에너지는 넓은 면적에 분산된다. 달리 표현하자면, 기울기가 클수록 일정한 지구 표면에 가해지는 에너지의 양이 작아진다. 즉, 적도 지역의 지구 표면이 가장 강하게 데워지고 양극 지역이 가장 약하게 열을 받는다. 그래서 양극 지방에서 두꺼운 얼음층이 오래 유지될 수 있는 것이다. 지구 표면마다 데워지는 정도가 다르니 그 위에 있는 공기도 데워지는 정도가 서로 달라진다.

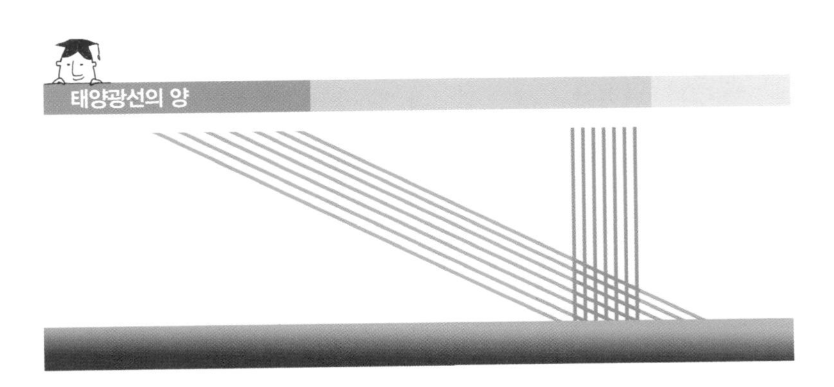

콜럼버스가 신대륙을 발견할 수 있었던 이유

적도의 공기는 극지방의 공기보다 훨씬 따듯하다. 적도의 따듯한 공기는 위로 올라간 다음, 높은 곳에서 차가운 극지방으로 흘러간다(저기압 형성). 그 대신 극지방의 차가운 공기는 적도 방향으로 흘러가 위로 올라간 따듯한 공기의 빈자리를 차지한다. 그리고 극지방에 도착한 따듯한 공기는 아래로 내려가서 적도 지방을 향해 흘러간 차가운 공기를 대체한다(고기압 형성).

날씨를 결정하는 대류권에서는 이런 방식으로 두 개의 커다란 공기 순환이 발생한다. 대류권 위쪽에서는 따듯한 공기가 적도에서 출발하여 양극 방향으로 흐르고, 지표면에 가까운 아래쪽에서는 차가운 공기가 양극에서 출발하여 적도 방향으로 흐른다. 그리고 땅 위에 사는 우리는 두 개의 공기 순환 중 아래쪽에서 벌어지는 현상만 피부로 느낀다. 이론상으로 보면 북반구에 사는 사람은 항상 북풍(북쪽에서 부는 바람)을, 남반구에 사는 사람은 항상 남풍(남쪽에서

부는 바람)을 느껴야만 하는 것이다. 하지만 지구 표면에서 일어나는 실제 공기 흐름(바람)은 훨씬 복잡하며, 이에 대해서는 차차 살펴볼 것이다. 일단 지금은 커다란 차원에서 이뤄지는 기본적인 공기 흐름에 집중하도록 하자.

우리는 이제 콜럼버스 같은 항해사가 어떻게 스페인에서 중앙아메리카까지 범선(돛단배)을 타고 항해할 수 있었는지 이해할 수 있게 되었다. 그쪽 바다에서는 항상 북풍(정확하게 말하자면 북동풍)이 분다. 우리는 이 북동풍을 '무역풍'이라고 부른다. 이 무역풍은 북반구의 지구 표면에 사는 우리가 느끼는 커다란 공기의 순환이다(북동무역풍). 마찬가지로 남반구에서는 남동풍이 분다(남동무역풍).

그러나 적도 부근에서는 범선을 타고 항해하는 사람들에게 커다란 재앙이 시작된다. 따듯하게 데워진 적도의 공기는 위로 올라가기만 할 뿐이라서 적도 부근에는 바람이 불지 않기 때문이다. 이렇다 할 바람이 불지 않는 적도 부근을 '적도무풍대'라고 부른다. 적도 부근에 도착한 항해사가 적도무풍대를 힘겹게 넘어서고 나면 범선은 다시 남극에서 불어오는 무역풍을 만나 순항하게 된다.

적도 부근의 적도무풍대와 적도 방향으로 불어오는 두 개의 무역풍은 지구 대기의 순환을 몸으로 느낄 수 있는 현상이다. 두 개의 대기 순환은 지구라는 행성에서 아주 오래전부터 이어져온 공기의 순환운동이다. 이 현상은 오로지 적도 표면이 양극 표면보다 더 강한 열을 받기 때문에 발생한다.

무역풍과 적도 부근의 적도무풍대

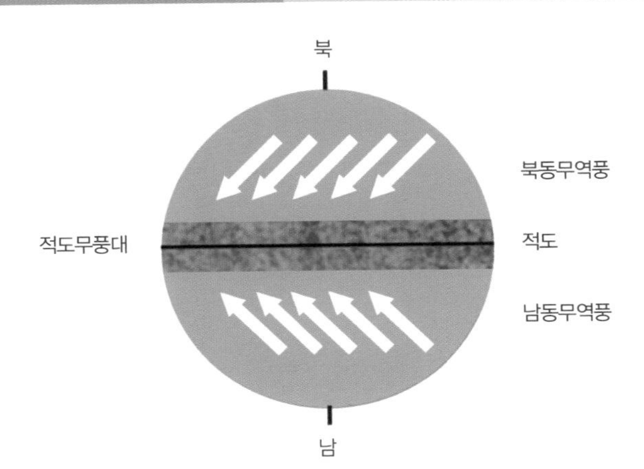

그러나 앞에서 언급했듯이 바람의 흐름은 훨씬 더 복잡하다. 지구가 쉬지 않고 움직이기 때문이다. 지금까지는 지구의 움직임을 고려하지 않았지만, 지구는 하루에 한 번씩 지축을 중심으로 돈다(지구의 자전). 또한 365일에 한 번씩 태양 둘레를 돈다(지구의 공전). 이 두 가지 운동은 날씨에 결정적인 영향을 미친다. 지구의 모든 표면은 하루 24시간 중에 평균 12시간 동안만 태양광선을 받고 같은 시간 동안은 어둠에 묻힌다.

바람의 순환과 운동

지구는 하루에 한 바퀴 지축을 중심으로 서쪽에서 동쪽으로 돈다. 그래서 태양이 동쪽 하늘에 떠서 서쪽 하늘로 지는 것처럼 보인다. 서쪽에서 동쪽으로 도는 지구의 자전은 지금까지 무역풍이라고만 언급한 대기의 커다란 흐름에 영향을 미친다. 무역풍은 극지방에서 적도 방향으로 직선이 아니라 서쪽으로 비스듬하게 분다. 무역풍의 방향이 한쪽으로 쏠리는 직접적인 원인은 서쪽에서 동쪽으로 도는 지구의 자전 때문이다. 이렇게 쏠리는 힘을 발견자의 이름을 따서 '코리올리 힘*Coriolis force*' 혹은 '전향력'이라고 부른다.

전향력은 해류의 흐름은 물론이고 지구 내부에 있는 마그마의 흐름에도 영향을 미친다. 적도에서 상승한 공기도 가장 짧은 거리를 지나 곧바로 극지방으로 흐르지 않고 '오른쪽(동쪽)'으로 휘어진다. 물리학적으로 이런 쏠림 현상은 공기의 관성과 적도와 극지방 사이에 존재하는 서로 다른 자전 속도와 관련이 있다. 지상이건 공중이건 상관없이 적도는 극지방의 어떤 지점보다도 지축을 중심으로 회전하는 속도가 훨씬 빠르다. 적도의 한 지점은 지구가 한 바퀴 도는 24시간(1회 자전) 동안 훨씬 더 먼 거리를 돌아야 한다. 적도의 한 지점이 지구를 한 바퀴 도는 데 약 4만 킬로미터를 가야 하는 반면 지축 근처의 어떤 지점은 같은 시간에 2~3킬로미터만 움직이면 된다. 적도의 한 지점은 시간당 1,666킬로미터의 속도로 회전하는 반면 지축 인근의 회전 속도는 0에 가깝다.

따라서 적도에서 출발해 북극이나 남극 방향으로 움직이던 공기가 자전 속도가 느린 지역을 통과할 때는 관성의 영향을 받아 더

공기의 운동 방향

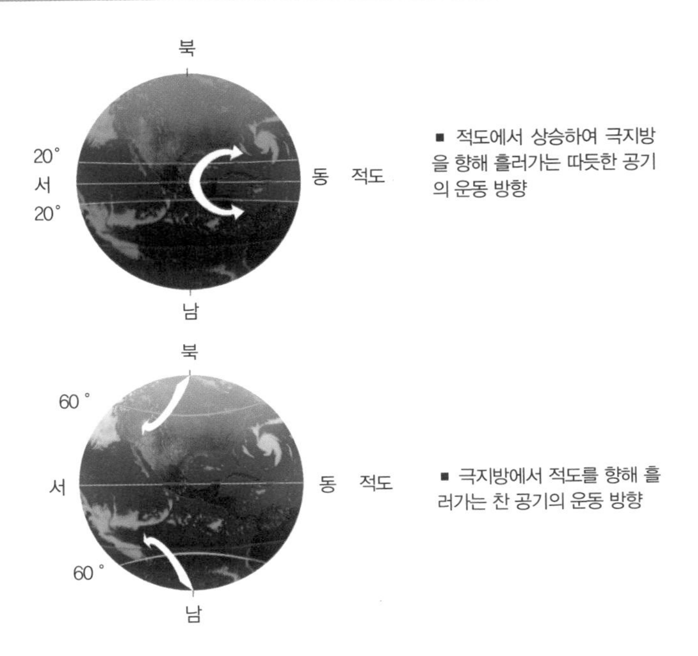

■ 적도에서 상승하여 극지방을 향해 흘러가는 따뜻한 공기의 운동 방향

■ 극지방에서 적도를 향해 흘러가는 찬 공기의 운동 방향

욱 동쪽으로 치우치게 된다. 적도 지역의 데워진 공기가 더 큰 운동에너지를 가지고 이동하기 때문이다. 그래서 높은 곳까지 상승해 극지방으로 흘러가는 공기는 지구의 자전 속도보다 더 빠르게 회전한다. 극지방에서 적도 방향으로 움직이는 공기는 이와 반대로 움직인다. 회전 속도가 느려서 서쪽 방향으로 치우치는 것이다.

위 그림처럼 적도에서 상승한 따뜻한 공기는 북위 혹은 남위 20도를 지나면서부터 전향력 때문에 운동 방향이 바뀌어 남풍이 아니라 남서풍이 된다. 높은 하늘에서 원래는 남풍이었던 것이 지구의 자전 때문에 남서풍이 되는 것이다. 남반구에서는 북풍이 북서풍이 된다. 그리고 이러한 방향 변화는 북위 및 남위 20도를 지난 후에도 계속되어 결국 북반구의 남서풍과 남반구의 북서풍은 순수한 서풍으로 변한다. 이런 현상은 위도 25~35도 사이에서 일어난다.

순수한 서풍은 절대로 북극이나 남극에 도달할 수 없다. 서풍은 그저 위도 35도에 '머무르게' 된다. 그러나 적도로부터 계속 공기가 유입되기 때문에 북위 35도와 남위 35도 부근에는 일종의 공기 적체 현상이 발생하여 특별히 기압이 높은 지역대를 형성한다. 이것을 '중위도 고압대'라 부른다. 이렇게 해서 대기 상층부에서 동쪽을 향하는 두 개의 아열대 고기압대가 형성되는 것이다.

우리가 앞서 양쪽 극지방에 형성될 것으로 가정했던 고기압이 중위도 고압대에서 형성된다. 따라서 적도에서 상승하여 극지방으로 이동하던 공기가 하강하여 되돌아가는 지점은 양쪽 극지방이 아니라 중위도 고압대이다. 위도 25도에서 35도 사이에서 아래쪽에 적체된 공기가 적도 방향으로 되돌아가는 것이다. 이때도 지구 자전의 반대 방향인 서쪽으로 휘어져 흘러간다. 우리가 처음에 살펴본 두 개의 대기 순환은 여전히 존재한다. 그러나 그 규모가 작아졌다. 지구 전체를 포함하지 않고 남반구와 북반구의 위도 35도까지만 미친다.

지금까지 우리가 살펴본 대기의 커다란 순환에는 극지방의 차가운 공기가 빠져 있다. 이 공기는 어떻게 될까? 극지방의 찬 공기

지표면에 가까운 대기의 구조

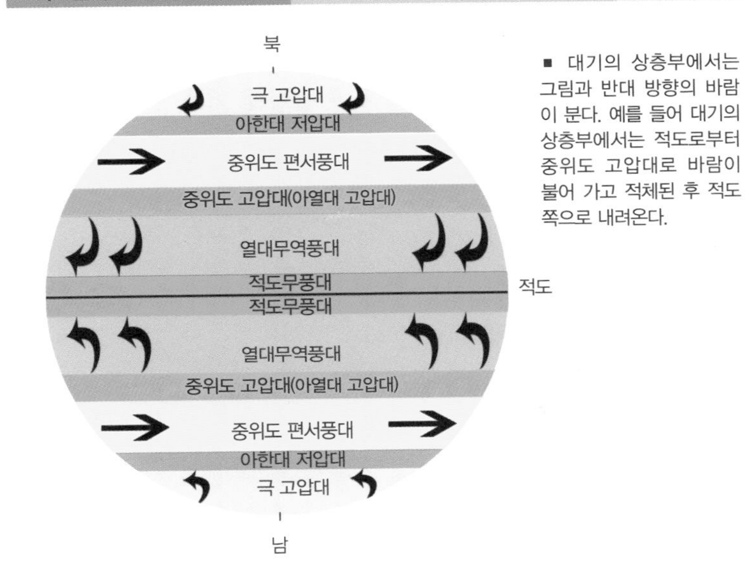

■ 대기의 상층부에서는 그림과 반대 방향의 바람이 분다. 예를 들어 대기의 상층부에서는 적도로부터 중위도 고압대로 바람이 불어 가고 적체된 후 적도 쪽으로 내려온다.

는 무겁기 때문에 북반구에서는 서서히 남쪽으로 움직이고 남반구에서는 서서히 북쪽으로 움직인다. 그리고 이 흐름도 자전에 영향을 받아 서쪽으로 휘어지며 극지방에서는 매우 일정한 동풍이 불게 된다. 이 차가운 공기는 지구의 자전 때문에 적도 부근으로 흘러가지 못하고 위도 60도 부근에 쌓인다. 그리고 그곳에서 차가운 극지방 공기가 따듯해지면서 좁은 띠 모양의 저기압대를 형성한다. 위도 60도 주위에서 만들어지는 이 띠를 '아한대 저압대'라고 부른다.

이제 지표면에 가까운 곳에서 벌어지는 공기의 흐름을 파악하기 위한 마지막 관문이 남았다. 위도 35도에서 60도 사이, 그러니까 중위도 고압대와 아한대 저압대 사이의 공기 흐름은 어떨까? 중위도 고압대와 아한대 저압대 사이에서 발생한 온도 차이 때문에 중위도 고압대에 인접한 따듯한 공기가 아한대 저압대 쪽으로 흐른다. 그리고 이 흐름은 동쪽으로 치우쳐 해당 지역에서는 대부분 서풍을 경험한다. 거기에다 이 지역은 따듯한 공기와 차가운 공기가 계속 부딪치기 때문에 불안정한 기류와 날씨가 발생하며 열대 지역이나 극지방과 달리 날씨 변화가 매우 심하다.

지구의 기후는 거대한 스털링엔진*Stirling Engine*처럼 작동한다. 스털링엔진은 온도 차이를 이용해서 운동에너지를 얻는다. 온도 차이가 크면 클수록 방출되는 운동에너지도 커진다. 즉, 바람이 더욱 강해진다. 날씨의 온도 차이는 결국 고압대와 저압대 사이의 기압 차이를 의미한다. 겨울이 찾아와 북반구가 강하게 냉각되어도 적도 지역의 기온은 언제나 똑같기 때문에 극지방과 적도 지방 사이에 발생하는 온도 차이는 여름보다 겨울이 더 크다. 그래서 겨울은 물론이고 늦가을부터 초봄까지 더 강한 바람이 분다.

남반구에서도 비슷한 현상이 일어난다. 그렇지만 북반구와 똑같지는 않다. 남극이 북극보다 더 춥기 때문이다. 북극은 대부분이 물로 이뤄져 있어 물이 훌륭한 열저장 장치 역할을 하지만 남극은 커다란 대륙으로 이뤄져 있어 북극보다 춥다. 때문에 보통 남반구의 중위도 편서풍대에서 부는 바람이 북반구에서 부는 바람보다 훨씬 강력하다.

사계절은 왜 생길까?

이제 지표면에서 가까운 공기층이 어떤 원리에 따라 어떻게 움직이는지 알게 되었다. 하지만 여기가 끝이 아니다. 지금까지는 적도에 태양열이 수직으로 내리쬐기 때문에 적도 부근이 언제나 가장 강력한 태양열을 받는다고 가정했는데 이 가정은 틀렸다. 사실 지구의 자전축인 지축은 공전하는 면과 직각을 이루는 게 아니라 약 23.5도 가량 기울어 있다. 이 때문에 지구의 특정한 지역에 사계절이 생긴다.

지축이 기울어져 있다는 것은 북반구에 여름이 찾아왔을 때 태양광선이 수직으로 떨어지는 곳이 적도가 아니라 소위 '북회귀선'이라고 불리는 북위 23.5도 지점이라는 것을 의미한다. 따라서 북반구의 여름에는 북회귀선이 가장 많은 열을 받는다. 또한 6월 21일

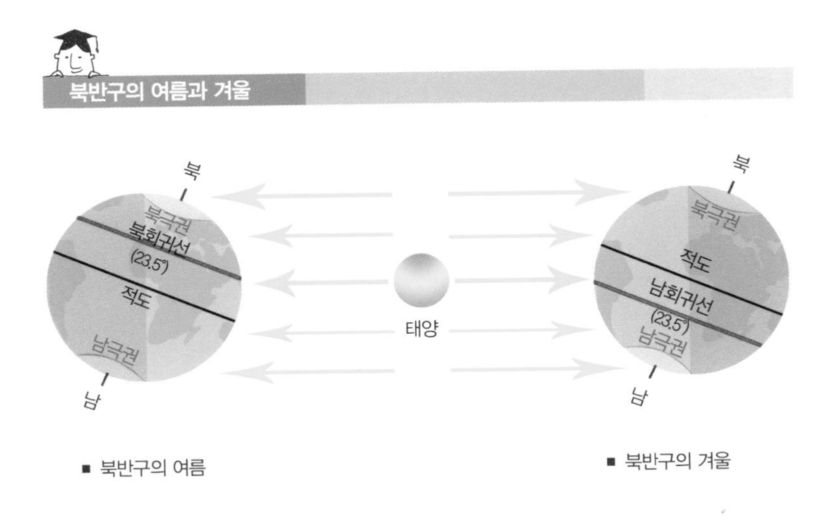

■ 북반구의 여름
■ 북반구의 겨울

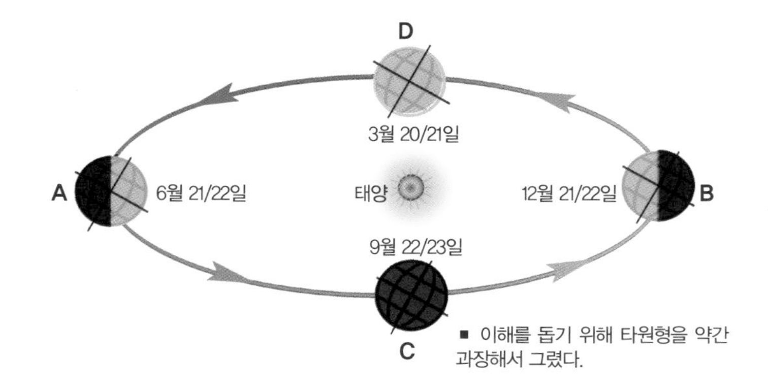

에 북극권(북위 66.33도의 지점을 이은 선)보다 북쪽에 있는 지역에서는 태양이 지지 않는다. 북반구에 겨울이 찾아왔을 때는 반대로 남위 23.5도가 되는 모든 지역에 태양이 수직으로 비춘다. 또한 12월 21일에는 남극권보다 남쪽에 있는 지역에서 해가 지지 않고 북극권의 북쪽에서는 해가 뜨지 않는다.

지축이 기울어진 것만으로도 날씨 이야기가 충분히 복잡해진 것 같지만 여기서 끝이 아니다. 지구는 1년에 한 번씩 태양 주위를 돈다. 그러나 지구의 공전궤도는 정확한 원을 이루는 것이 아니라 일종의 타원형을 이룬다. 위의 그림을 보자. 그림에서처럼 지구가 타원형의 A지점에 있을 때 B지점보다 태양에서 더 멀어진다. A지점을 원일점, B지점을 근일점이라고 한다. 그리고 그 사이에 C와 D지점이 있는데, 두 지점은 태양까지의 거리가 똑같다. 타원형의 공전궤도 때문에 지구가 태양 주위를 도는 속도가 일정하지 않다. 지구는 원일점에 있을 때 근일점에 있을 때보다 더 느리게 움직이고, 이 때문에 사계절의 길이가 서로 달라진다. 북반구에서 봄과 여름(궤도의 D에서 C)의 길이는 186일 10시간이고, 가을과 겨울(궤도의 C에서 D)의 길이는 178일 20시간이다. 지구가 원일점에 있을 때 근일점에서보다 태양과의 거리는 더 멀지만 더 느리게 움직이기 때문에 먼 거리로 인해 발생하는 태양열의 손실을 만회할 수가 있다.

따라서 앞서 이야기한 대로 사계절의 구분은 지구가 태양 주위를 1년 동안 도는 과정에서 발생하는 거리의 차이가 아니라 지축이 기울어졌기 때문에 발생하는 것이다. 앞의 그림을 관찰하면 사계절이 생기는 이유를 쉽게 이해할 수 있다. 지축이 공전궤도로부터 수직으로 서 있다면 사계절도 없을 것이다. 왜냐하면 (앞에서 언급한 타원형과 유사한 공전궤도의 작용은 고려하지 않는다면) 언제나 똑같은 양의 태양광선이 지구를 비출 것이기 때문이다.

앞의 두 그림을 더 자세하게 살펴보자. 지구는 6월 21/22일에 A 지점을 통과하는데, 북반구에서는 이때가 여름의 시작(하지)이다. 같은 날 북반구의 북극권에는 24시간 내내 태양이 떠 있다. 이 시점에 지구의 관점에서 보면 태양이 마치 북쪽으로 옮겨간 것처럼 보인다. 그리고 이 시점은 북위 23.5도 되는 지점에 태양광선이 수직으로 비추는 때이기도 하다. 다시 말해 이때 태양광선은 적도가 아니라 사하라 사막에서 아라비아 반도, 인도 북부, 중국 남부를 거쳐, 멕시코를 잇는 선 위를 수직으로 비춘다. 이것이 북회귀선이다. 북반구가 남반구보다 훨씬 더 많은 태양광선을 받는 것이다. 그러나 이러한 사실이 적도 부근에는 별다른 영향을 미치지 않는다. 언제나 태양광선이 비추고 있기 때문이다. 따라서 적도 부근에는 구별할 수 있을 만한 사계절이 존재하지 않는다. 반면 더 북쪽 위도에 사는 사람들은 따듯한 계절을 맞이하게 되고 남반구에 사는 사람들은 겨울을 맞이하게 된다.

지구는 궤도를 따라 A지점에서 C지점으로 이동한다. C지점에서는 태양이 적도에 수직으로 서 있게 되고, 북반구와 남반구에 똑같은 양의 태양광선을 비춘다. A지점에 있을 때보다 북반구는 더 적은 그리고 남반구는 더 많은 태양광선을 받는다. 이때가 9월 22/23일이다. 북반구에서는 가을이 시작(추분)되고 남반구에서는 봄이 시작(춘분)된다.

이제 지구가 근일점에 도달한 B지점으로 가보자. 이때는 남반구가 북반구보다 훨씬 더 넓은 면적에 태양광선을 받는다. A 지점에서와는 반대로 북반구는 겨울이 되고 남반구는 여름이 된다. 이때가 12월 21/22일이다. 이 무렵 지구에서 태양을 관찰하면 태양이 남쪽으로 밀려간 것처럼 보인다. 그리고 태양광선은 남위 23.5도 지점, 즉 남아프리카에서 오스트레일리아, 아르헨티나, 브라질을 잇는 선을 수직으로 비춘다. 이것이 '남회귀선'이다.

지구에서 본 태양의 위치

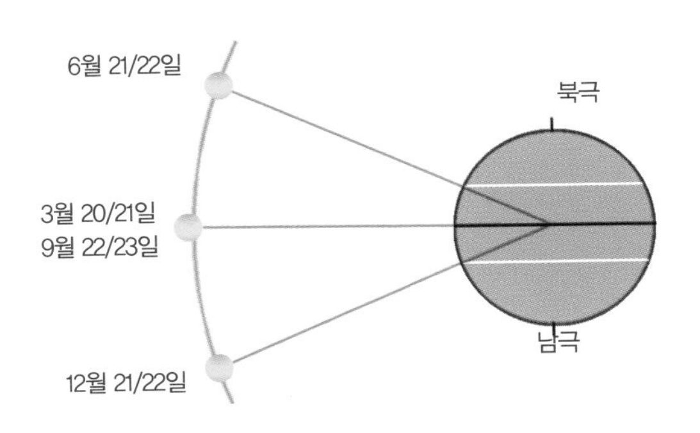

이제 다시 D지점으로 가보자. 태양은 다시 적도를 수직으로 비추고 북반구와 남반구 모두 똑같은 태양광선을 받게 된다. 북반구에서는 봄이 시작되고(춘분) 남반구에서는 가을이 시작된다(추분). 이때가 3월 20/21일이다.

지구에서 봤을 때 태양은 1년 동안 북회귀선과 남회귀선 사이를 왔다 갔다 하는 것처럼 보인다. 우리가 살고 있는 북반구에서는 태양이 여름에는 바로 하늘 위에 있는 것처럼 보이고 겨울에는 지평선 쪽에 있는 것처럼 보인다. 이 같은 계절 변화는 당연히 두 개의 계절풍에도 영향을 미친다. 여름에는 계절풍도 더 높은 위도까지 영향을 미치게 된다. 계절풍도 태양의 위치에 따라 변하는 것이다.

날씨를 춤추게 하는 바다

지금까지 날씨를 만드는 기본 요소에 대해 알아봤다. 그중에서도 특히 지구에서 일어나는 날씨 현상을 이해하는 데 있어 절대 빼놓을 수 없는 태양에너지에 대해 자세히 살폈다. 그러나 중요한 사실 한 가지를 모른 체하고 있었다. 바로 지구 표면의 약 삼분의 이가 바닷물로 덮여 있다는 사실 말이다. 지구가 단순히 거대한 암석 덩어리가 아니라는 사실은 날씨를 제대로 이해하는 데 있어 매우 중요하다.

언뜻 떠올려봐도 태양광선이 지구에 온기를 전달할 때 육지와 바다 표면에서 무언가 서로 다른 현상이 일어날 것임을 쉽게 짐작할 수 있다. 육지만 해도 그 상태에 따라 벌써 차이가 난다. 건조한 모래와 암석은 식물로 덮인 숲이나 평원 혹은 늪지대와 비교했을 때 더 빨리 뜨겁게 데워진다. 당연히 육지와 바다 표면의 차이는 더욱 뚜렷하게 나타난다. 바다는 물의 물리적 특성상 같은 양의 태양광선을 받더라도 암석보다 훨씬 천천히 데워지고, 육지에 비해 훨씬 많은 양의 열에너지를 저장할 수 있다.

지구의 에너지 저장 탱크, 물

이 현상을 설명하기 위해서는 화학의 세계로 잠시 눈을 돌릴 필요가 있다. 물 분자는 극성분자*polar molecule*이다. 양성 전극(수소)과 음성 전극(산소)을 모두 가지고 있으며, 양성 전극과 음성 전극이 정확하게 균형을 이루고 있어 전기적으로 중성이다. 하지만 하나의 물 분자 바로 옆에 음극을 띤 다른 원자가 다가오면 물 분자 안에서 약하게 양극을 띠고 있던 수소원자는 그쪽과도 결합하려 한다. 수

물 분자 사이의 수소결합

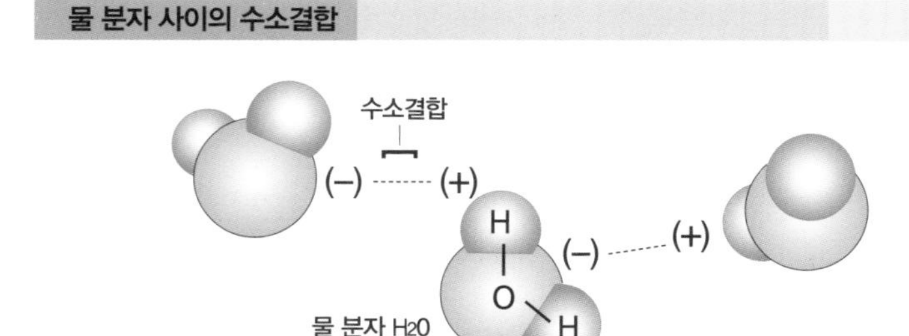

소를 매개로 서로 연결되는 것이다. 이를 '수소결합*hydrogen bond*' 현상이라고 한다. 서로 맞닿아 있는 물 분자 사이에서도 이 같은 수소결합이 일어나고, 이 때문에 액체 상태의 물 분자가 다른 액체처럼 따로따로 움직이는 것이 아니라 언제나 약하게 서로 붙어 있으려는 성질을 보인다. 액체 상태의 물에서는 끊임없이 수소가 결합했다 분리되는 현상이 일어난다.

이제 물이 어떻게 많은 열에너지를 저장할 수 있는지 이해할 수 있다. 물에 가해진 에너지는 물이 제대로 운동에너지를 얻기 전에 먼저 수소결합을 해체해야만 한다. 어떤 물질의 열이란 그 원자나 분자의 운동과 같은 의미이기 때문이다. 즉 물이 점점 따듯해진다는 건 분자들이 점점 더 활발하게 운동한다는 의미이다.

물에 가해진 에너지의 일부는 전극을 띤 수소결합을 떼어내는 데 사용된다. 그렇기 때문에 끓는점에 도달하기까지 물이 액체 상태의 기름보다 훨씬 많은 열을 받아들이고 더 오랫동안 유지한다. 매우 많은 열에너지를 저장할 수 있는 물의 성질이 멕시코 만류 같은 거대하고 따듯한 해류를 만들어낸다. 열대 지역에서 데워진 바닷물이 거대한 해류를 이뤄 차가운 극지방으로 움직이면서 저장해둔 열을 서서히 대기로 방출한다. 이 과정에서 방출하는 열의 양은 엄청나다. 학자들의 계산에 따르면 멕시코 만류가 두 시간 동안 방출하는 열은 전 세계에서 1년간 석탄을 태워서 만들어내는 발열량과 같다고 한다. 멕시코 만류의 거대한 열 방출 효과는 작은 원인이

어마어마한 결과를 만들어내는 자연법칙을 인상적으로 보여주는 사례이다.

물에는 또 다른 중요한 성질이 있다. 육지에서는 태양광선 에너지가 땅속 약 1미터 정도까지 들어가지만 물에서는 수 미터 아래까지 들어가 영향을 미친다. 똑같은 넓이의 땅과 물에 똑같은 양의 광선을 비추면 물보다 영향을 미치는 범위가 작은 땅이 더 많은 열을 받는다. 그래서 물의 표면은 육지 표면보다 온도가 낮다. 그리고 물에는 한 가지 더 땅과 다른 독특한 성질이 있다. 바로 증발이다. 태양광선의 상당량이 바닷물 표면에서 증발에 소비된다(이 부분은 다음 장에서 더 자세히 다룰 것이다).

일반적으로 바다나 큰 호수의 온도는 같은 양의 태양광선을 받는 육지의 온도보다 훨씬 낮다. 그리고 겨울과 밤에는 이 관계가 역전된다. 흙과 암석이 받아들인 에너지는 빠르게 방출된다. 즉, 낮에 빠르게 받아들인 열에너지를 밤에는 빠르게 내준다. 물론 데워진 물도 밤에 열의 일부를 방출하지만 흙과 비교하면 그 속도가 현저하게 느리다. 물에서는 온도가 내려가는 것을 더욱 지연시키는 특별한 작용이 일어난다. 물의 표면이 열을 방출하고 온도가 내려가면 그 아래에 있는 물보다 무거워져 아래쪽으로 내려가고 따듯한 물이 위로 올라오는 것이다.

이 과정이 어쩐지 익숙하지 않은가? 태양광선이 지구 표면을 데워 대기 아래쪽 공기가 따듯해지면 공기의 무게가 가벼워져 위로

공기의 바다, 물의 바다

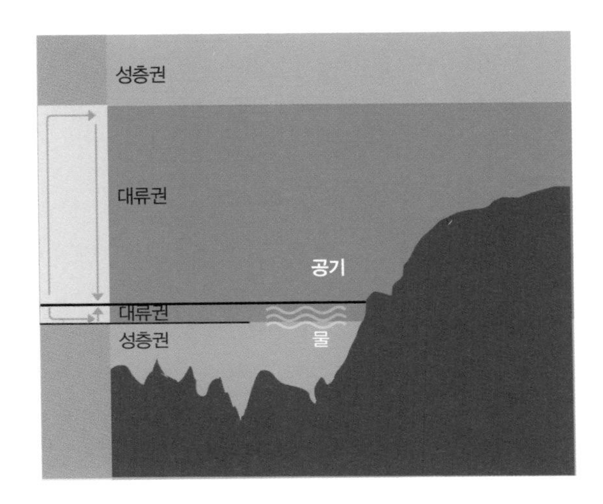

올라가면서 열을 더 높은 대기층으로 운반한다. 이런 식으로 아래쪽에 위치한 대기에서는 공기의 섞임현상이 활발하게 일어난다. 반면에 성층권으로 올라가면 차차 대기의 운동량이 줄어든다.

바다에서도 비슷한 현상이 일어난다. 하지만 공기층과는 반대 방향으로 진행된다. 바다 표면의 물이 밤에 열을 방출하면서 식으면, 무거워진 물이 아래로 가라앉고 낮아진 온도를 바다 아래쪽으로 전달한다. 이렇게 해서 바다 위쪽과 아래쪽 물이 섞인다. 다르게 표현하자면, 바다 아래쪽은 조용한 반면에 위쪽은 활발하게 움직이는 것이다. 따라서 바다도 대기를 대류권과 성층권으로 나누는 것처럼 구분할 수 있다. 단지 대기권과는 위아래가 바뀐 상태일 뿐이다. 바다와 대기가 만나는 곳에서 본다면 서로가 거울을 마주보는 것처럼 대칭되는 층을 이루는 것이다.

이쯤에서 잠시 지금까지 배운 날씨 지식을 되새겨보자. 처음으로 날씨가 완전하게 이해하기 어려운 현상임을 어렴풋이 느끼게 되는 지점에 도달했기 때문이다. 날씨보다 더 복잡하고 헤아리기 어려운 자연현상도 드물다. 비록 날씨가 다른 자연현상과 마찬가지로 엄격한 자연법칙에 따라 움직이기는 하지만(물리학, 화학 심지어 생물학 법칙까지도 날씨에 중요한 역할을 한다), 이런 자연법칙들이 대기에서는 훨씬 더 복잡하고 예측할 수 없는 사건들을 만들어낸다. 간단하게 말해서, 날씨에는 무한하게 많은 요소가 영향을 미치기 때문에 날씨는 매우 제한된 범위 안에서만 예측이 가능하다.

그 어려움은 우리가 살펴본 것처럼 태양광선에서부터 시작된다. 지구에 도달하는 태양광선의 강도는 위도에 따라 서로 다르다. 가장 큰 차이가 나는 지역은 물론 극지방과 적도다. 이런 차이 때문에 대기권에서 가장 오래된 공기의 순환이라고 할 수 있는 적도와 극지방 사이의 공기 교환이 일어난다. 여기에다 지구가 서쪽에서 동쪽으로 자전하기 때문에 발생하는 힘이 공기 흐름에 영향을 미쳐 북반구에서는 오른쪽으로, 남반구에서는 왼쪽으로 공기 흐름이 진행된다. 이런 영향들로 우리가 날씨를 이해하는 게 더욱 어려워진다. 게다가 여기에서 그치지 않고 이제부터는 지구 표면의 삼분의 이가 물로 덮여 있다는 사실도 함께 고려해야 한다.

두 얼굴을 한 해변의 바람 풍경

육지와 바다가 만나는 해변에서는 적도와 극지방 사이에서 나타나는 커다란 공기 흐름과 비슷한 작은 공기 순환이 일어난다. 좀 더 이해하기 쉽게 어떤 평범한 해변가의 화창한 하루를 생각해보자. 아침에 태양이 떠올라 서서히 육지와 바다를 데운다. 육지 온도는 빠르게 상승하고 바다의 표면 온도는 서서히 올라간다. 데워진 육지는 위에 있는 공기에 열을 전달하고 데워진 공기는 위로 올라

해변에서의 공기 흐름

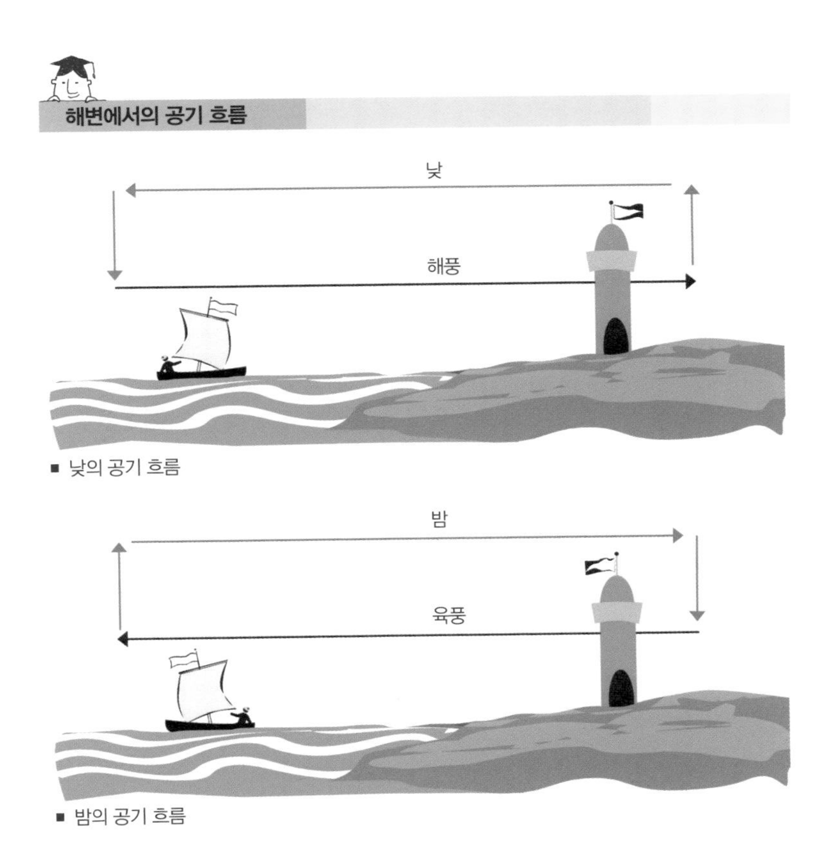

■ 낮의 공기 흐름

■ 밤의 공기 흐름

간다. 위로 올라간 공기는 육지에 비해 상대적으로 온도가 많이 높아지지 않은 지역(바다)으로 흘러간다. 다시 말해서, 상공에서는 육지에서 바다로 흐르는 기류가 형성된다. 이런 기류는 기압의 영향으로 더욱 강력해지고 바다 바로 위에 있는 차가운 공기를 육지로 향하게 만든다. 육지로 흘러간 차가운 공기는 그곳에서 데워지고 위로 올라가 공기 순환에 동참한다. 이 흐름이 여름 바닷가에 가본 사람이라면 누구나 아는 '해풍'이다.

아침 10시 무렵 신선한 바람이 바다에서 불어온다. 이 바람은 바닷가에 선 사람들도 전체를 완전하게 인식하지 못하는 거대한 순환의 일부이다. 이 바람은 해가 높이 올라갈수록 더욱 강하게 불어온다. 그러나 헬륨가스를 넣은 풍선을 하늘로 날려 보내면 우리가 바다에서 불어오는 신선한 바람을 맞는 것과는 달리 높이 올라간 풍선이 바다 쪽으로 날아가는 모습을 볼 수 있다.

밤에는 상황이 반대로 변하여 육지에서 바다로 바람이 분다. 이것을 '육풍'이라고 한다. 밤에는 육지의 온도가 바다보다 훨씬 더 빠르게 내려간다. 따라서 따듯한 바다 위 공기가 위로 올라가서 육지 쪽으로 흐른다. 육지 상공은 흘러 들어오는 공기 때문에 기압이 높아지는 반면 바다 위의 기압은 낮아진다. 그래서 육지 위의 차가운 공기는 바다를 향해 흘러간다. 육풍은 대개 저녁 10시 무렵에 시작된다.

해풍과 육풍이 어느 여름날 특정 해변가에서 하루 동안 일어나는 일이라면 논리적으로 생각했을 때 1년 동안 모든 대륙에서도 그래야 한다. 그리고 실제로도 그렇다. 여름에 북반구에 있는 아시아를 비롯한 거대한 대륙은 바다에 비해 매우 강하게 데워진다. 때문에 대기권 아래쪽에서는 매우 규칙적이고 강력한 기류가 바다에서 육지로 흐르는 반면에 위쪽에서는 대륙으로부터 바다로 향하는 기류가 형성된다. 커다란 공간적 조건이 주어진 곳, 예를 들어 아시아의 남쪽 해변이나 아라비아 및 인도 해변에서는 여름에 규칙적으로 부는 해풍을, 겨울에는 육풍을 관찰할 수 있다. 두 바람은 육지와 바다의 크기에 따라서 매우 강력하고 지속적일 수 있다. 이렇게 광범위한 지역에서 부는 '계절풍'을 영어로는 '몬순*monsoon*'이라고 한다. 아랍인이 모심*mawsim*(바다에서 항해하기 좋은 계절)이라고 부르던 명칭이 유럽으로 넘어가 몬순이 된 것이다.

제 아무리 커다란 계절풍(몬순)도 원칙적으로는 우리나라의 바닷가에서 매일 생겨나는 해풍, 육풍과 같다. 단지 규모가 크고 몇 개월 지속된다는 점이 다를 뿐이다. 매일 나타나는 해풍과 육풍은 해당 지역이 매우 작고 공기가 흘러가는 거리도 매우 짧다. 반면에 계절풍은 해당 지역이 광범위하게 넓을 뿐만 아니라 이동 거리도 길다. 매일 부는 소규모 지역의 해풍과 육풍은 지구의 자전에 별로 영향을 받지 않지만, 규모가 큰 계절풍은 이동 거리가 길기 때문에 무역풍처럼 지구의 자전으로부터 영향을 받는다. 계절풍도 여름에는 남서계절풍이 아시아 대륙을 향해서, 겨울에는 북동계절풍이 바다

계절풍

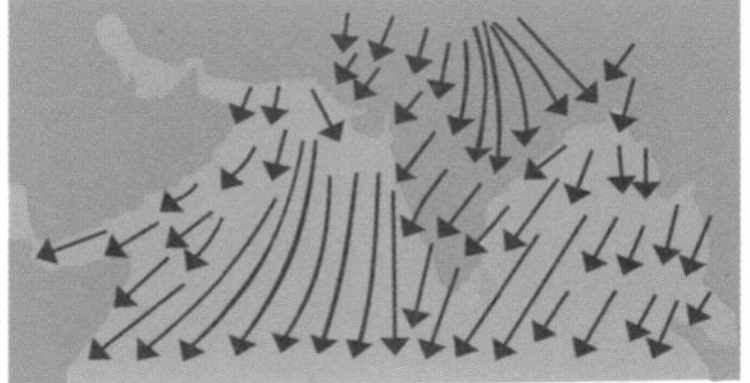

■ 인도의 겨울 계절풍

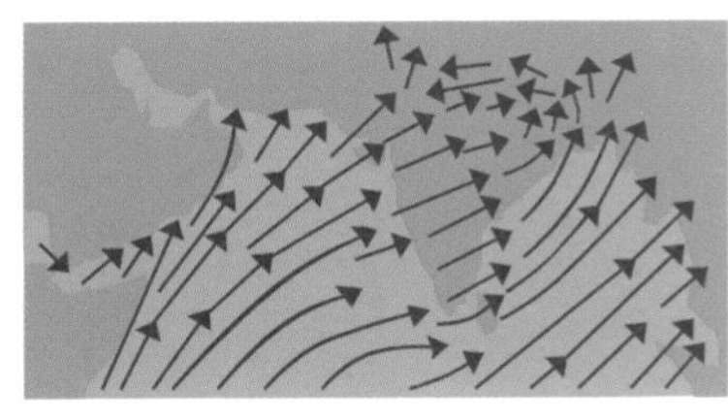

■ 인도의 여름 계절풍

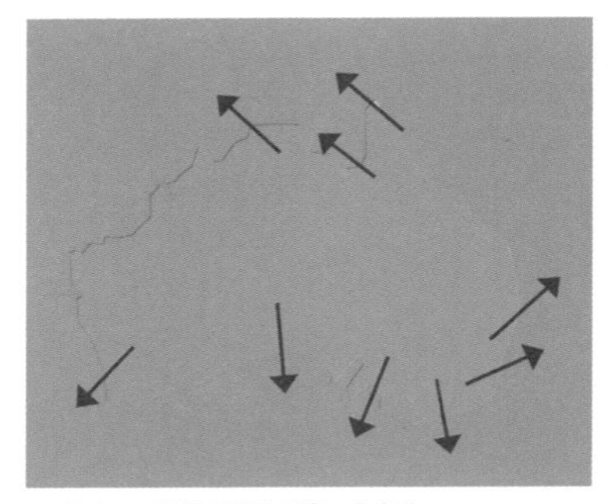

■ 오스트레일리아의 겨울 계절풍

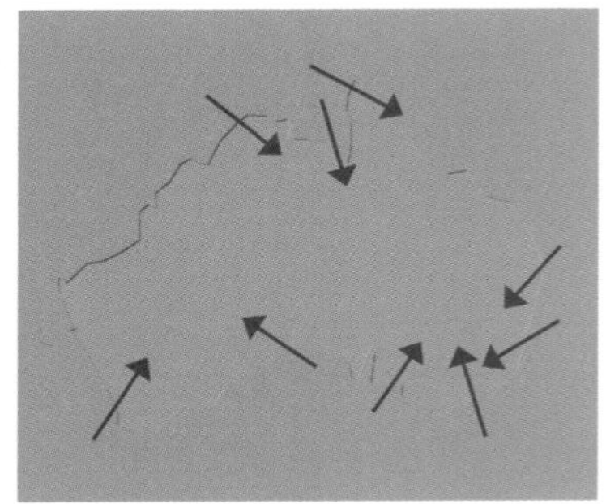

■ 오스트레일리아의 여름 계절풍

를 향해서 분다.

지구 전체에 영향을 미치는 무역풍과 비교한다면 계절풍은 지구의 특정 지역에만 직접적인 영향을 미친다(확실한 형태로 나타나는 계절풍은 커다란 육지가 관련되어 있을 때 발견된다). 그러나 지구 대기권에서 발생하는 대규모 사건 중에 홀로 발생하는 사건은 없다. 특정 지역의 날씨에만 결정적인 영향을 미치는 계절풍도 결국에는 '대기권의 작은 순환'일 뿐이다. 계절풍은 더 큰 규모의 순환인 무역풍의 영향을 받는다. 경우에 따라서는 부는 바람이 계절풍인지 알 수 없을 정도로까지 영향을 받는다.

반대로 계절풍도 (당연히 작은 규모로) 무역풍에 영향을 미친다. 예를 들어 거대한 아시아 대륙이 공기를 빨아들이는 힘은 적도에서도 그 영향력을 느낄 수 있다. 남동무역풍이 부는 적도 남쪽 지역의 공기까지 빨아들인다. 그래서 이 지역의 여름에는 북동무역풍이 남서계절풍 덕분에 실질적인 영향을 미치지 못한다. 날씨 발생에 관한 기본법칙은 언제나 제한적으로만 효력이 있음을 보여주는 하나의 사례이다. 어쩌면 날씨는 법칙을 계속해서 무력하게 만드는 법칙을 따른다고 말할 수도 있을 정도다.

바다는 우리나라 날씨에 어떤 영향을 미칠까?

지구의 표면은 크게 육지와 바다로 나뉘는데 둘은 태양에너지를 흡수하고 전달하는 데 큰 차이가 있다. 바다는 토양보다 비열이 큰 물로 이루어져 있기 때문에 열을 받아들이고 내보내는 데 상대적으로 오랜 시간이 걸린다. 또한 육지는 태양에너지를 표면에서만 흡수하지만, 바다는 더 깊은 곳까지 에너지를 전달하여 저장한다. 이런 차이로 육지는 바다보다 빨리 뜨거워지고 빨리 식기 때문에 기온 변화가 훨씬 심하다.

열역학적으로 바다, 즉 물은 열에너지의 이동과 대기 변화에 특별한 역할을 한다. 물은 지구상에 수증기인 기체, 물인 액체, 얼음인 고체, 이렇게 세 가지 형태 모두로 존재할 수 있기 때문이다. 물이 기체, 액체, 고체로 변하는 과정에서 생기는 열적 차이는 지역과 고도에 따라 대기를 크게 변화시킨다.

바다가 다양한 기후를 만든다

육지와 바다의 차이 때문에 나타나는 대표적인 날씨 현상이 해륙풍이다. 해륙풍은 해안가에서 바다와 육지의 기온 차이 때문에 낮과 밤에 방향이 바뀌어 부는 국지적인 현상이다. 하지만 육지와 바다의 차이는 국지적인 현상뿐 아니라, 시 · 공간적으로 규모가 큰 기후 형태에도 커다란 영향을 미친다. 지구상에 다양한 기후 형태를 만드는 주요 요인인 것이다.

'대륙성 기후'는 육지의 영향을 받아 나타나며 기온의 일교차와 연교차가 크다. 따라서 여름에는 기온이 빨리 상승하여 쉽게 더워지고, 겨울에는 육지의 냉각이 빠르게 일어난다. 또한 여름에 강수가 많은 특징을 갖고 있다. 이와 반대로 '해양성 기후'는 바다의 영향을 받아 나타난다. 섬이나 바다 위에서 주로 나타나는데 연중 기온의 변화가 적고 습도가 높아 강수량이 많고, 바람이 강하며 공기가 맑은 특징을 가지고 있다. 또 다른 기후 형태로는 대륙성 기후와 해양성 기후의 중간 형태를 띤 '해안성 기후'가 있다.

바다는 대기 교란의 원인으로 작용해 이상 기상 현상을 만들기도 한다. 바로 '엘니뇨 현상*El Nino*'이다. 엘니뇨는 남아메리카 서해안을 따라 흐르는 페루 해류의 적도 부근 수온이 주변 해역보다 섭씨 2도 이상, 많게는 섭씨 10도까지 높아지는 현상이다. 이 현상은 2년~6년 주기로 불규칙하게 나타나며 해류의 순환 이상으로 불거진 대기 순환의 변화를 일으켜 에콰도르에서 칠레에 이르는 지역뿐 아니라 전 세계적으로 이상 기상 현상을 일으킨다. 이렇듯 바다는 국지적인 날씨 변화는 물론 장기적인 기후 형태의 차이를 만드는 원천이며, 이제는 기상 이상 현상의 원인까지 제공한다.

우리나라와 바다

우리나라는 삼면이 바다로 둘러싸여 있고 아시아 대륙의 동쪽 끝자락에 자리 잡고 있어 대륙성 기후와 해안성 기후의 특징을 모두 보인다. 삼면을 둘러싼 바다는 우리나라의 날씨를 복잡하게 만드는 요소이다. 예를 들어 중위도 편서풍 영향권에 있는 우리나라에서 서해상의 물은 열을 이동시키는 원천이 되고, 서해상에서 수증기로 변하여 편서풍을 타고 한반도로 들어와 갑작스런 강수, 집중호우 또는 폭설을 만들어내는 등 짧은 시간 안에 변화무쌍한 날씨를 만들어내는 원인이 된다. 반면 일부 해안가 지역에서는 물의 탁월한 열 보관 기능 때문에 날씨를 안정적으로 만들어주기도 한다.

일반적으로 위도가 높으면 기온이 낮다. 그러나 오른쪽 그림에서 보는 것처럼 강릉은 서울보다 0.2도 북쪽에 있지만 내륙에 위치한 서울보다 겨울 최저기온이 오히려 약 2.5도 높고, 기온의 연교차도 약 4도 작다. 즉 강릉이 서울보다 덜 춥고, 더위도 덜하는 등 안정적이고 온화한 날씨를 보인다. 이는 바다가 만든 해안성 기후가 준 선물이다.

구분	위도	겨울철 최저기온 평균	월평균 기온 연교차
강릉	37.8°	−1.7°C	24.2°C
서울	37.6°	−4.2°C	28.1°C

■ 비슷한 위도에 위치한 서울과 강릉의 기온 비교 (자료 제공: 기상청)

이렇듯 우리나라를 둘러싼 바다는 날씨에 긍정적인 영향과 부정적인 영향을 모두 미친다. 그러나 날씨의 변화, 더 나아가서는 날씨 예측면을 고려했을 때 삼면이 바다인 우리나라의 환경은 전체적인 손익에서 결코 이익이 아니다. 많은 물로 인해 열에너지의 변화가 심하고, 이는 한반도에서 대기 중의 에너지 변화를 큰 폭으로 불러와 날씨 예측의 불확실성을 높이기 때문이다.

날씨를 바꾸는 산맥과 계곡

지구 표면은 육지와 바다로 나뉜다. 바다는 어디에서나 똑같은 표면에 똑같은 높이(해발 0미터)인 반면 육지는 매우 다양한 높이와 형태를 띤다. 지구 표면은 수평선과 지평선으로만 이뤄진 것이 아니라 수직으로 솟아 있는 산과 계곡, 거대한 산맥도 있고 아무것도 없는 광활한 평야도 있다. 육지의 높이는 해발 0미터부터 해발 9,000미터까지 실로 다양하다. 특히 알프스나 히말라야 같은 높고 거대한 산맥은 대기 흐름에 결정적인 영향을 미친다.

이때 지구의 모든 산맥이 같은 방향으로 펼쳐져 있지 않다는 사실을 기억할 필요가 있다. 예를 들어, 알프스 산맥은 서쪽에서 동쪽으로, 히말라야 산맥은 북서에서 남동으로, 안데스 산맥은 북에서 남으로, 로키 산맥은 남동 방향으로, 러시아의 우랄 산맥은 북에서 남으로 펼쳐져 있다. 이런 사실을 고려하면서 바다에서 인도 반도로 부는 계절풍을 관찰하면, 바람이 지구에서 가장 높은 산맥인 히말라야와 맞닥뜨린다는 사실을 알 수 있다. 계절풍이 미리 동쪽이나 서쪽으로 비껴가지 않는다면 높은 산맥의 복잡한 주름과 협곡에 가로막혀 정상적인 흐름에 영향을 받는다. 대개는 강도가 약해져 어렵게 산맥을 넘어가지만 더러는 그곳에서 여정을 끝내기도 한다.

얼핏 보면 아주 단순한 현상 같지만 관찰 범위를 좁혀서 좀 더 세밀하게 관찰하면 훨씬 복잡한 계절풍의 변화와 만나게 된다. 산맥 전체가 미치는 커다란 영향뿐 아니라 각 계곡에서 예측할 수 없는 방식으로 나타나는 소규모 공기 흐름이 더해지기 때문이다. 예를 들어 태양광선이 계곡과 평야를 비추는 방식은 전혀 다르다. 태양이 좁은 계곡을 비추면 계곡의 언덕 부분이 바닥보다 태양광선을 더 먼저 받는다. 또한 태양광선이 언덕은 비교적 수직으로 비추지만 계곡 바닥은 비교적 깊은 사선으로 비춘다. 따라서 계곡의 언덕이 더 강한 열을 받고, 이곳에서 데워진 공기는 상승하여 계곡 바닥보다 기압이 떨어진다.

상대적으로 기압이 높은 계곡 바닥의 공기는 위로 올라간다. 지형이 빚어낸 공기 흐름으로 계곡에서는 오전에 아래에서 위로 산의 사면을 따라 올라가는 '골바람(곡풍)'이 분다. 밤에는 반대 현상이 일어난다. 나무가 없는 암벽은 나무가 많은 계곡 바닥에 비해 빠르게 온도가 내려간다. 이제 바람은 산에서 계곡 쪽으로 부는데, 이것을 '산바람(산풍)'이라고 부른다. 그리고 이렇게 산과 계곡 사이의 온도 차이 때문에 생기는 바람을 '산골바람(산곡풍)'이라고 한다. 산과 계곡의 형태가 천차만별이라 산골바람에도 수많은 형태가 있다.

큰 공간이건 작은 공간이건 대기에서 일어나는 현상에 공통으로 적용되는 법칙은 순환 법칙이다. 여기에 바람을 만드는 또 다른 법칙이 추가된다. 바로 '푄 법칙'이다. 온도가 낮은 겨울에 지중해에서 알프스 산맥을 넘어 따듯한 바람인 푄이 갑자기 불어오는 경우가 있다. 오랫동안 사람들은 북아프리카에서 지중해를 건너온 따뜻한 바람이 마지막 힘을 짜내 알프스를 기어오른 후, 마침내 힘이 빠져 계곡을 따라 떨어지는 것이라고 생각했다. 실제로 사하라의 모래 폭풍이 중앙유럽까지 모래를 운반해 오는 경우도 있기는 하다.

그러나 푄은 북아프리카의 따듯한 바람과는 상관이 없다. 푄은 남쪽 지방에서 불어오는 따듯한 공기가 전혀 도달하지 못하는 그린란드에서도 불기 때문이다. 그린란드의 남쪽 해안으로 불어오는 따듯한 그린란드 푄은 빙하로 뒤덮인 그린란드 대륙 중앙의 고지대에서 아래쪽으로 부는 바람이다. 사실 이것은 놀라운 자연현상이다. 얼음으로 뒤덮인 지역에서 따듯한 바람이 분다는 것은 상식적으로 이해할 수 없기 때문이다. 이런 특별한 자연현상 속에는 푄의 기본 법칙이 숨어 있다.

푄은 비교적 따듯하고 아주 건조하다. 하지만 그린란드 푄은 푄 현상이 꼭 따듯한 바람에서 시작될 필요는 없음을 보여준다. 독일 남부 지방에 부는 푄은 알프스 산맥의 정상을 넘을 때 온도가 영하 2~3도 정도로 낮을 수도 있다. 그렇지만 차가운 바람이 정상에서 알프스 계곡을 타고 평야지대까지 내려오면서 온도가 꽤 높이 올라간다. 한겨울에도 섭씨 10도나 그 이상으로 올라갈 수 있다.

이런 현상 뒤에는 간단한 물리 법칙이 숨어 있다. 따듯한 공기는 상승하면서 확장된다. 그리고 높이 올라갈수록 기압이 낮기 때문에 공기의 온도도 낮아진다. 거꾸로 같은 공기가 계곡 아래로 내려오게 되면 그 지역의 기압이 높아지고 공기가 서로 밀착하기 때문에 따듯해진다. 그래서 공기가 100미터 올라갈 때마다 섭씨 1도씩 내려가는 것처럼 100미터 내려올 때마다 섭씨 1도씩 상승한다.

예를 들어 이탈리아에서 독일 남부로 불어오는 바람이 2,000미터 높이의 알프스 정상을 넘어올 때 섭씨 영하 5도였다면 해발 약 500미터인 뮌헨까지 빠른 속도로 내려오면서 기온이 약 섭씨 10도까지 올라가 따스한 바람이 불게 된다.

그러나 아래를 향해 부는 바람이 추운 지역에서 불어오면 사람들이 따듯하다고 느낄 정도로 기온이 올라가지는 않는다. 대표적인 예가 헝가리의 고원에서 크로아티아의 아드리아 해 동쪽 연안으로 불어오는 강하고 한랭 건조한 '보라*bora*'이다. 또 프랑스 론 계곡을 따라 부는 '미스트랄*mistral*'도 그렇다.

산맥은 우리나라 날씨에 어떤 영향을 미칠까?

우리나라는 작은 면적에 비해 지형이 복잡하고 국토의 70퍼센트 이상이 산지로 이루어져 있다. 우리나라 지형의 이런 특징은 삼면이 바다로 둘러싸인 환경과 더불어 날씨 예측을 아주 어렵게 만든다.

강원도를 집어삼킨 집중호우

우리나라에서 산악 지형의 복잡성으로 나타난 날씨 중 대표적인 사례는 1996년 7월 26일~28일에 발생한 철원 · 연천 집중호우이다. 당시 철원 · 연천이라는 좁은 지역에 총 650밀리미터의 강우가 있었고, 특히 철원에는 26일 밤부터 27일 새벽까지 약 여섯 시간 동안 150밀리미터가 넘는 호우가 쏟아졌다. 우리나라의 연평균 강수량이 약 1,300밀리미터임을 감안할 때 얼마나 많은 비가 집중적으로 내렸는지 짐작할 수 있다. 이 집중호우로 29명의 사망자 및 실종자가 발생했으며, 재산피해 규모도 2,000억 원이 넘었다.

이렇게 강력한 국지 호우가 내린 원인 중 가장 중요한 것이 산악 지형이다. 철원 · 연천의 동쪽으로는 1,458미터 높이의 화악산을 비롯해 1,000미터 내외 높이의 광덕산, 백운산, 대성산이 자리 잡고 있다. 이런 지형 조건 때문에 중 · 소규모의 기상 현상으로 급히 형성된 강수대가 산악 지형에 막혀 동쪽으로 이동하지 못하고 철원 · 연천 부근에 머물면서 강수대가 강해져 집중호우가 내린 것이다. 이렇듯 산악 지형은 국지적으로 큰 날씨 변화를 일으키고 심지어는 지금까지 경험하지 못한 이상 날씨를 유발하기도 한다. 철원 · 연천의 호우 사례처럼 지역 산들의 분포가 커다란 날씨 변화를 일으킨다면 거대한 산맥은 날씨 변화는 물론 장기간에 걸친 기후변화에도 큰 영향을 줄 것으로 예상할 수 있다.

태백산맥과 날씨

그럼 우리나라의 산맥은 날씨 또는 기후에 얼마나 영향을 미칠까? 우리나라에서 가장 크게 날씨에 영향을 미치는 산맥은 태백산맥이다. 남북으로 길게 뻗은 태백산맥의 서쪽은 비교적 경사가 완만한 산악 지역과 분지가 많고, 동쪽은 태백산맥 분수령(평균 해발고도 약 900미터)에서 해안 쪽으로 약 다섯 배 정도 급경사를 이루면서 동해와 접해 있다. 이와 같은 태백산맥의 특성 때문에 산맥의 동쪽과 서쪽이, 즉 한반도의 동쪽과 서쪽이 날씨뿐 아니라 기후적으로도 전혀 다른 특성을 보인다. 또한 태백산맥 내에 분포되어 있는 높은 산악 지방은 기후적으로

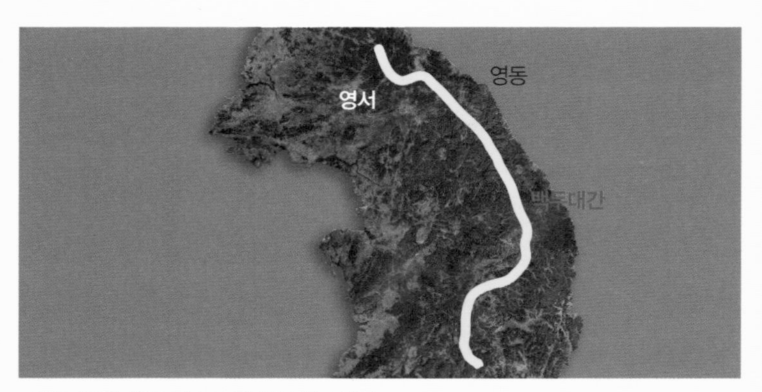

■ 백두대간의 태백산맥으로 구분된 영동과 영서

특이한 양상을 나타낸다.

태백산맥의 영향으로 동쪽과 서쪽 지역에서 다르게 나타나는 기상 현상 중 대표적인 것인 푄 현상이다. 습하고 찬 공기 덩어리가 산의 바람받이 쪽 사면을 따라 올라가면서 냉각되어 공기 중의 수증기가 응결되고, 응결된 물방울들이 구름을 형성해 산 정상 부근에서 비나 눈을 내린다. 비나 눈을 내린 공기 덩어리는 건조하고 따뜻한 형태로 바뀌어 반대편 사면으로 내려간다. 동해에서 영동 해안 지방으로 불어온 습한 바람이 태백산맥과 만나 영동 지방에 많은 양의 비나 눈을 내리는 것이다.

이후 태백산맥을 넘어간 바람은 상대적으로 따뜻하고 건조해져 강원도영서 지방, 더 멀게는 경기 · 서울 중부 지방까지 불어 간다. 따라서 강원도 영서 지방과 서울, 경기도 지방은 영동 지방에서부터 시작된 동풍이 불어오는 경우 대기가 건조해지고 기온이 올라간다. 기후적으로는 태백산맥의 동쪽과 서쪽을 비교할 때 동쪽의 강수량이 서쪽보다 많은 특징을 보인다. 이처럼 우리나라의 대표적인 산맥인 백두대간의 태백산맥은 산맥의 동쪽과 서쪽으로 기상과 기후의 특징을 명확히 구분하는 역할을 담당하고 있다.

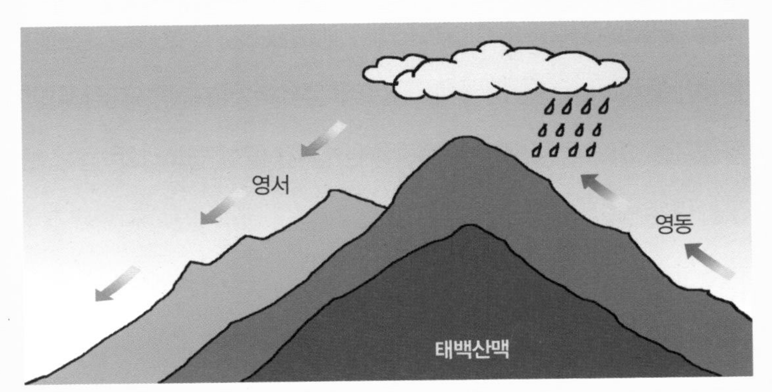

■ 태백산맥을 중심으로 나타낸 푄 현상 개념도

바람의 길을 만드는 고기압과 저기압

지금까지 날씨, 더 정확하게 말하자면 날씨가 발생하는 장소인 대기에 대해 배웠다. 적도에서 발생하여 날씨의 흐름을 결정하는 대기권의 커다란 기류에 대해 살펴봤고, 하루 그리고 1년 단위로 규칙적으로 부는 바람에 대해 알아봤으며, 특정 지역에서 부는 바람의 대표 격인 푄 현상도 꼼꼼히 살폈다. 그러나 지금까지 배운 내용으로만 보면, 날씨는 태양광선과 바람이 만든 '생산물'에 불과하다.

우리는 여전히 독일이 위치한 위도 35도 주변의 말위도*horse latitudes*(위도 20~35도 사이의 지역을 말한다. 신세계로 말을 수송하던 스페인 범선들이 이 지역에 이르면 바람이 약해져 전진할 수 없었다. 이 지역을 벗어나는 데는 오랜 시간이 걸렸고, 식량이 부족해지면 많은 말을 바다로 던져버렸다. 여기서 유래해 붙여진 이름이다)에서 매우 심하게 변하는 날씨에 대해서는 모르고 있다. 이곳에서 날씨에 영향을 미치는 요소는 결코 태양과 바람만이 아니기 때문이다.

기압과 지구의 자전이 만드는 공기의 흐름

우리가 알고 있듯이 지구의 공기 흐름은 지역 간의 기압 차이 때문에 생긴다. 기압 차이가 생기는 원인은 지역마다 다른 온도에 있고, 그래서 기압은 지구 각 지역별로 다르게 분포되어 있다. 물론 지구의 모든 지역이 특정한 시간에 다른 기압을 나타내는 것은 아니다. 오히려 특정한 시간에 기압을 재보면 많은 지역이 같은 수치를 나타낸다. 이때 같은 기압을 가진 모든 지역을 선으로 연결하면 등압선*isobar*이 만들어진다.

오른쪽에 있는 그림은 2006년 2월 15일의 기상도인데 매우 인상적인 등압선 그림을 보여준다. 기상도를 살펴보면 명확하게 그어져 있는 몇 개의 등압선과 각 등압선마다 숫자가 적혀 있는 걸 볼 수 있다. 등압선으로 연결된 지역은 기압이 같은 곳이며, 숫자는 기압을 헥토파스칼로 나타낸 것이다.

기상도에 따르면 2006년 2월 15일 유럽 대륙의 기압은 고르지 않게 분포되어 있었다. 모스크바 근처와 포르투갈 남서쪽의 기압이 1,025헥토파스칼로 가장 높았고, 아이슬란드 남서쪽의 기압이 965헥토파스칼로 가장 낮았다. 그리고 아이슬란드와 모스크바 사이의

등압선

■ 2006년 2월 15일의 유럽 날씨

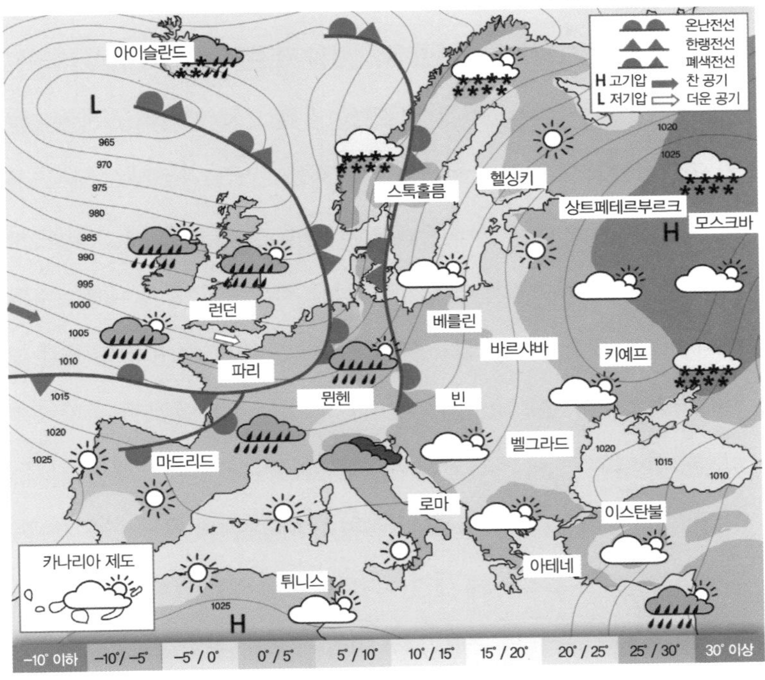

기압차는 60헥토파스칼로 매우 큰 차이를 보였다. 공기는 압력이 높은 곳에서 낮은 곳으로 흐르기 때문에 이날 중부 유럽에는 분명 동풍이 불었을 것이다. 겨울이기 때문에 매우 차가운 동풍이 불었을 것이다. 그리고 모스크바와 베를린의 기압차는 15헥토파스칼로 그리 크지 않아 약한 동풍이 불었을 것이다.

한 가지 더 살펴볼 것이 있다. 기상도에서 아이슬란드 남서쪽에 있는 저기압 등압선은 모스크바에 있는 고기압 등압선보다 간격이 훨씬 좁다. 아이슬란드 저기압 지역처럼 등압선 사이의 간격이 매우 좁으면 (당연한 결과이겠지만) 인접 지역 간 기압의 차이가 매우 크고, 러시아 고기압 지역처럼 등압선의 간격이 넓으면 인접 지역 간 기압의 차이가 작다. 실제로 베를린을 기준으로 계산해보면, 베를린과 아이슬란드 저기압 중심부의 기압차는 45헥토파스칼로 모스크바와 베를린의 기압차(15헥토파스칼)에 비해 세 배나 크다. 겨울에 이런 상황이 벌어지면 모스크바의 고기압 지역에서 불어 나오는 바람보다 아이슬란드의 저기압 지역으로 불어 들어가는 바람이 훨씬 더 강력하다. 물이 높이 차이가 큰 곳에서 더 빠르게 흐르듯 공기도 기압차가 큰 곳에서 더 빠르게 움직이기 때문이다.

따라서 이제 2006년 2월 15일의 날씨에 관해 방금 이야기했던 내용을 약간 수정해야 할 때가 되었다. 사실 모스크바 쪽에서 시작한 미약한 동풍은 중부 유럽 깊숙이까지 불지 못했다. 고기압이 보낸 차가운 동풍은 폴란드를 넘어 멀리까지 나아가지 못했고, 오히려 강력한 저기압이 대서양을 넘어 ('태풍'이라고 표현해도 괜찮을 정도로) 강력한 서풍을 중부 유럽으로 보냈다.

이것을 어떻게 이해해야 할까? 우리는 지금까지 공기가 기압이 높은 곳(러시아의 모스크바)에서 낮은 곳(대서양)으로 흘러간다고 배웠다. 그런데 방금 말한 대로 2006년 2월 15일에는 공기가 대서양에서 중부 유럽으로, 즉 저기압 지역에서 고기압 지역으로 이동했다. 왜 이런 현상이 일어났을까? 이런 혼란스러운 모순은 지구의 자전 탓이다. 공기는 자전 때문에 고기압 등압선에서 저기압 등압선 쪽으로 직선으로 흐르지 않는다. 우리가 이미 알고 있는 바와 같이 북반구에서는 '오른쪽'으로 방향이 바뀐다.

하지만 현실에서 등압선이 평행을 이루는 경우는 거의 없다. 앞의 기상도에서도 대서양(영국의 서쪽) 부근에서만 평행을 이룬 등압선을 볼 수 있다. 이 지역에서는 정체 기류가 형성되어 일정한 방향

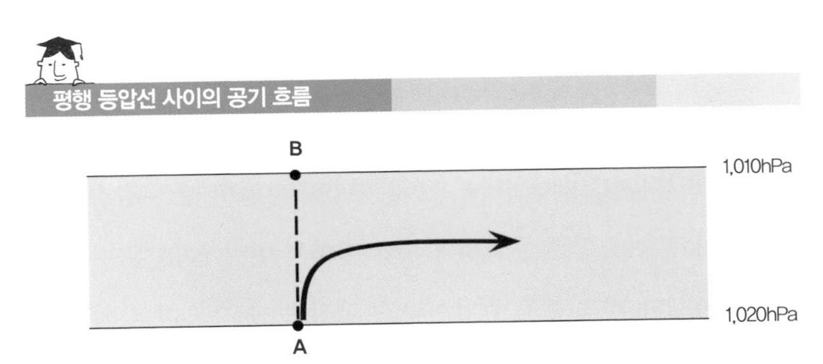

■ 평행을 이룬 등압선 사이에 있는 공기는 A에서 B로 직선으로 흐르지 않는다. A에서 출발한 공기는 B에 도착하기는커녕 A 등압선과 평행선을 그리며 흐르게 된다. 이런 기류를 '정체 기류'라고 한다.

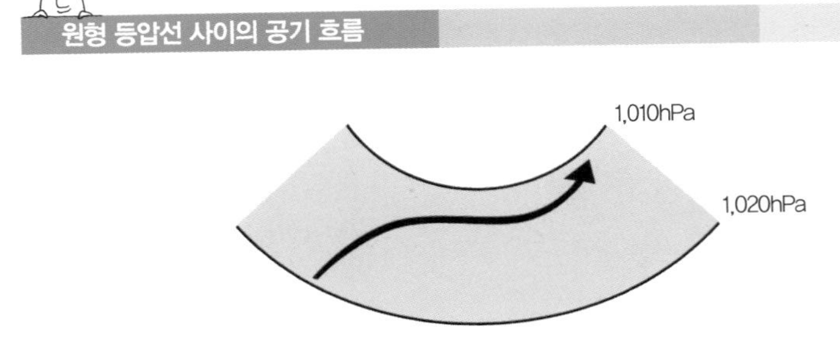

■ 원형 등압선에서는 기압이 높은 등압선에서 기압이 낮은 등압선 쪽으로 비스듬하게 바람이 분다. 그리고 바람은 저기압의 중심까지 흘러 들어간다.

으로 북서풍이 분다. 그러나 같은 저기압 등압선이라도 아이슬란드 근처에서 형성된 저기압 등압선은 중심으로 갈수록 굴곡이 심해지며, 중심을 둘러싼 선이 점점 원형을 이룬다. 이 지역에서는 등압선 사이에 다른 공기 흐름이 나타난다.

저기압 중심과 고기압 중심

다시 한 번 107페이지의 2006년 2월 15일의 기상도를 살펴보자. 아이슬란드 남서쪽에 위치한 저기압 지역에서 등압선이 원형을 이루며 작아지는 모습을 볼 수 있다. 대서양의 매우 한정된 지역에서 겹겹이 원형을 이룬 등압선의 모습이 마치 잘라 놓은 양파나 나무의 나이테와 비슷하다. 등압선과 등압선에 붙은 숫자의 의미를 생각해본다면 이곳의 기압이 L 자가 적힌 지역을 향해 내려가고 있다고 말할 수 있다. 마치 원형극장의 계단과 같다. L 은 그날 유럽

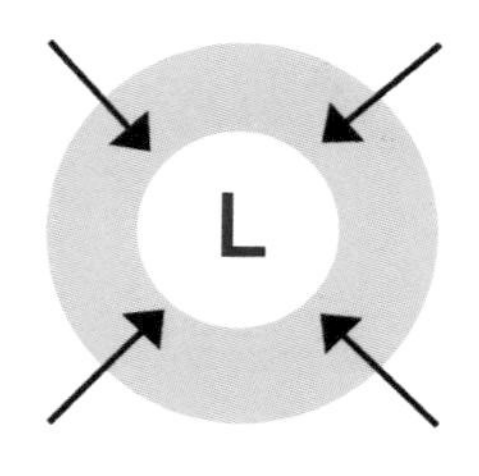

■ 북반구에서 저기압 중심으로 부는 바람의 방향

저기압 중심의 공기 흐름

■ 북반구의 저기압 중심에 나타나는 공기 흐름

전체에서 기압이 가장 낮은 곳을 표시한 것이다. 이곳을 '저기압 중심*cyclonic center*'이라고 표현한다. 물론 다른 날, 다른 날씨 상황에서는 다른 유럽 지역에서 여러 개의 저기압 중심이 나타날 수 있다.

2월 15일의 등압선에 따르면 아이슬란드 남서쪽에 형성된 저기압 중심으로는 모든 방향에서 바람이 불어온다. 남쪽에서는 동쪽 방향으로 휘어진 남서풍이, 동쪽에서는 러시아의 고기압 지역으로부터 역시 오른쪽으로 휘어져서 남동풍이 불어온다. 북쪽에서는 북동풍이, 서쪽에서는 북서풍(기상도에서 대서양 위쪽에 있는 검은색 화살표)이 불어온다.

우리가 아이슬란드 저기압 중심으로 불어오는 바람의 방향을 그려보면 공기가 저기압 중심을 중심으로 소용돌이 형태로 움직인다는 사실을 확인할 수 있다. 저기압 중심을 둘러싸고 시계 반대 방향으로 도는 거대한 공기 소용돌이가 생겨나는 것이다. 이 방향은 당연히 북반구에만 해당된다. 남반구의 저기압 중심에서 나타나는

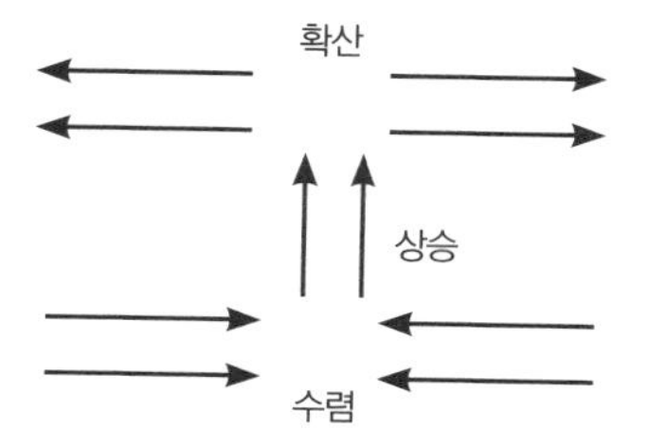

■ 저기압을 수직단면으로 관찰해보면 바닥과 가까운 곳에서는 모든 방향에서 공기가 몰려 들어오는 모습을 볼 수 있다. 이때 더운 공기와 차가운 공기가 서로 만나 섞이고(수렴), 온도가 상승하면서 광범위한 지역에 걸쳐 공기의 수직상승이 일어난다(상승). 이 공기는 대류층의 높은 곳에 도달하면 다시 수평으로 흩어진다(확산).

소용돌이는 시계 방향으로 돈다. 이처럼 저기압의 영향으로 형성되는 소용돌이 형태의 공기 흐름을 '저기압성 순환'이라고 한다.

우리는 모든 방향에서 몰려 들어오는 공기 때문에 저기압 중심이 빠른 속도로 고기압의 공기로 채워지고, 옆에 있는 고기압 중심과의 기압 차이를 없애 금세 같아질 것이라고 생각할 수 있다. 그리고 기압차가 사라지면 저기압 중심은 물론이고 고기압 중심도 가볍게 사라질 것이라고 짐작할 수 있다. 그러나 저기압은 놀랍도록 긴 생명력을 가지고 있다. 왜냐하면 저기압 중심으로 밀려온 공기가 그곳에 가만히 있지 않기 때문이다. 저기압 중심에서 더운 공기와 찬 공기가 섞이면서 공기가 위로 올라간다. 그러면 아래쪽에서는 지속적으로 저기압이 형성되어 계속 공기를 빨아들인다. 게다가 저기압은 한곳에 머물지 않고 옮겨 다니면서 계속해서 새로운 공기를 영양분으로 공급받는다.

모든 저기압 중심에는 필연적으로 그에 상응하는 고기압 중심

고기압 중심의 공기 흐름

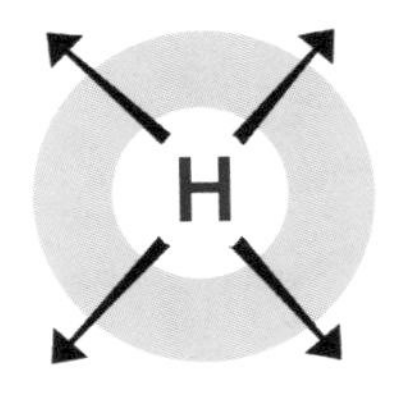

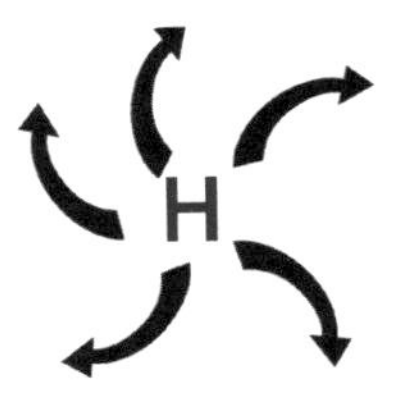

■ 북반구의 고기압 중심에 나타나는 공기 흐름

이 있다. 우리는 앞에서 등압선을 살펴보면서 기압이 단계적으로 떨어지는 현상을 원형극장의 계단과 비교했다. 이와 반대로 고기압의 등압선은 고기압 중심을 향해 단계적으로 기압이 상승하는 모습이라 계단식으로 지어진 피라미드와 비교할 수 있을 것이다. 물론 현실에서는 그런 '기압의 계단'은 존재하지 않고 기압은 점진적으로 높아지거나 낮아진다.

저기압은 공기가 모든 방향에서 밀려 들어오는 반면 고기압은 고기압 중심에서부터 '피라미드 계단' 아래로 흘러내린다(고기압성 순환). 공기는 '피라미드'의 가장 높은 곳에서 '원형극장'의 가장 낮은 곳으로 흐르는 것이다. 이때 고기압 중심에서 빠져나온 공기 역시 자전의 영향을 받는다. 즉, 고기압 중심에서 동쪽으로 흘러가는 공기는 북서풍이 되고, 서쪽으로 흘러가는 공기는 남동풍이 된다. 이때도 고기압 중심을 둘러싸고 북반구에서는 시계 방향으로, 남반구에서는 시계 반대 방향으로 커다란 소용돌이가 생긴다.

고기압 중심과 저기압 중심

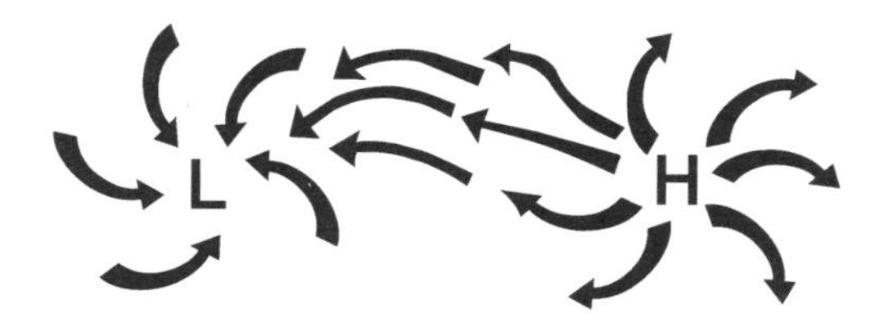

■ 북반구의 고기압 중심과 저기압 중심에서 나타나는 공기 흐름

이제 2006년 2월 15일의 기상도처럼 고기압 중심과 저기압 중심이 나란히 나타나면 다른 기압을 가진 지역 사이에서 어떤 공기 순환이 발생하는지 쉽게 상상할 수 있다. 저기압 중심에서 데워진 공기는 위로 올라가 아래쪽을 저기압 상태로 유지한다. 올라간 공기는 고기압 중심을 향해 흘러간 다음 아래로 내려가서 고기압 중심에 다시 고기압을 만든다. 그리고 그곳에서 차가워진 공기는 저기압 중심을 향해 다시 흐른다.

유럽에서는 우리가 본 2006년 2월 15일의 기상도와는 달리 두 개가 아닌 여러 개의 고기압 중심과 저기압 중심이 전 유럽 대륙에 걸쳐 활동한다. 그렇기 때문에 공기가 하나의 고기압 중심에서 여러 개의 저기압 중심으로 흘러 들어갈 수도 있고, 반대로 여러 개의 고기압 중심에서 나온 공기가 하나의 저기압 중심을 향해 흘러갈 수도 있는 매우 복잡한 공기 흐름이 생긴다. 그러나 기본적인 공기 흐름은 언제나 똑같다. 지상에 가까운 공기는 저기압 중심을 향해 모든 방향에서 밀고 들어간다. 다시 말해서 동서남북 사방에서 저기압 중심을 향해 소용돌이를 만들면서 몰려든다.

우리가 살고 있는 중위도 위쪽에는 북극에서 남쪽으로 불어올 수밖에 없는 찬바람이 항상 대기하고 있다. 북풍이 유럽과 아시아의 저기압대로 밀려오면 (2006년 2월 15일의 아이슬란드 남서쪽처럼) 날씨는 대단히 추워진다. 다른 한편 중위도에는 항상 따듯한 공기덩어리가 있어 적도 지방을 향해 부는 무역풍에 영양분을 공급하는 것은 물론이고 북쪽으로도 따듯한 바람을 보낸다. 따라서 아시아와 유럽에 있는 저기압 중심으로는 북쪽의 차가운 공기는 물론이고 남쪽의 따듯한 공기도 몰려온다. 2006년 2월 25일에는 이 공기가 남동 방향으로부터 스페인 쪽으로 불어와 그곳의 온도를 15~20도가량 올라가게 만들었다.

이처럼 강력한 저기압 중심이 형성되는 지역에서는 차가운 북쪽 공기와 따듯한 남쪽 공기가 서로 부딪칠 수도 있다. 결국 저기압 중심은 더운 공기와 찬 공기 사이의 치열한 전쟁터가 되는 것이다.

Q&A

기압은 날씨에 어떤 영향을 미칠까?

기압은 대기의 상태를 표현하는 가장 기본적인 요소의 하나이다. 고기압은 맑은 날씨를, 저기압은 보통 나쁜 날씨를 나타낸다. 심지어는 사람의 기분이 좋지 않을 때를 가리켜 저기압 상태라고 표현하기도 한다. 그럼 고기압과 저기압은 어떻게 나뉠까? 두 기압을 구분하는 절대값은 무엇일까?

고기압과 저기압을 나누는 절대값은 따로 정해져 있지 않다. 둘은 어디까지나 서로 상대적인 개념이다. 따라서 주변보다 상대적으로 기압이 높으면 고기압, 그 반대이면 저기압으로 나누며, 일기도에는 각각 High의 'H', Low의 'L'로 표시한다.

고기압 날씨와 저기압 날씨

왜 고기압일 때는 날씨가 좋고, 저기압일 때는 나쁠까? 저기압 지역에서는 중심으로 갈수록 기압이 낮아져 바람이 바깥에서 중심을 향해 불어온다. 따라서 지면에 있는 바람이 중심으로 모아지고, 모아진 바람이 위쪽으로 불어 올라가 상승기류가 생긴다. 공기가 압력이 낮은 상층부에 이르면 공기 중에 들어 있던 수증기가 물방울로 바뀌고 응결하면서 구름이 만들어진다. 지구 표면에는 대기 상층부보다 구름의 씨앗이 되는 입자들이 많이 포함되어 있기 때문에 지면으로부터 상승기류가 생기면 구름이 만들어질 수 있는 조건이 쉽게 형성된다. 그래서 저기압 지역은 구름이 끼고 비나 눈이 내리는 등 날씨가 나빠지는 것이다. 이와 반대로 고기압에서는 하강기류가 생긴다. 하강하는 공기는 따뜻해지면서 수증기를 많이 흡수한다. 이때 주위에 있는 구름마저 수증기로 흡수해버려 날씨가 맑아지는 것이다.

저기압은 북반구에서 시계 반대 방향으로 바람이 불어 들어오고, 고기압은 반대로 시계 방향으로 바람이 불어 나간다. 앞에서 살펴봤듯이 자전의 영향 때문인데, 이 같은 바람 방향의 변화는 기압과 관련한 날씨 변화에 중요한 영향을 미친다. 고기압과 저기압 지역 내의 기온 구조를 크게 바꾸기 때문이다.

저기압 지역의 동쪽에서는 시계 반대 방향으로 바람이 불기 때문에 남풍 계통의 바람이 불어와 서쪽보다 기온이 올라간다. 따라서 우리나라와 같은 편서풍 지역에서 동쪽으로 저기압이 접근해오면 기온이 높아지고, 저기압이 통과하면 기온이 급격히 낮아진다. 저기압이 접근하여 비가 올 때 날씨가 습하고 기온이 높아졌다가 비가 그친 후에 기온이 급격히 떨어지는 이유도 저기압이 가지고 있는 바람 방향의 성질 때문이다. 반면 고기압에서는 바람이 시계 방향으로 불기 때문에 고기압 지역의 동쪽으로 북풍 계열의 바람이 불어와 기온이 서쪽보다 낮아진다. 우리나라는 여름에 남쪽 저기압, 겨울에 시베리아 고기압, 봄과 가을에 이동성 고기압이 접근할 때 기압계에 따라 지역적인 온도 변화가 흔히 나타난다.

기압계에 따른 날씨 변화 양상

우리나라가 기압계에 따라 어떤 날씨 변화를 겪는지 알아보자. 2011년 1월은 우리나라에서 가장 추운 겨울이었다. 전국적으로 평년의 기온보다 4~5도 낮은 기온 분포를 보였다. 전 세계적으로 평년 기온보다 약 1~2도 기온이 오르면, 해수면 온도 상승과 빙하 감소에 따른 해수면 높이 상승 등을 경고하며 기후변화의 위험성을 강조한다. 따라서 평년보다 4~5도 낮아진 기온은 매우 큰 변화였다.

오른쪽 페이지의 기상도는 2011년 1월 11일 9시에 우리나라를 중심으로 동아시아 지역에 형성된 기압계 형태를 한눈에 보여준다. 일반적으로 우리나라의 겨울을 지배하는 주 기압계는 시베리아에 중심을 둔 차고 건조한 시베리아 고기압이다. 그런데 2011년 1월의 경우 북극진동*arctic oscillation*(북반구에서 일어나는 차가운 공기의 소용돌이) 등의 원인으로 시베리아 기단이 매우 강하게 확장하여 우리나라에 매서운 추위를 가져왔다.

여기서 한 가지 주목할 부분이 있다. 바로 전날인 1월 10일은 최

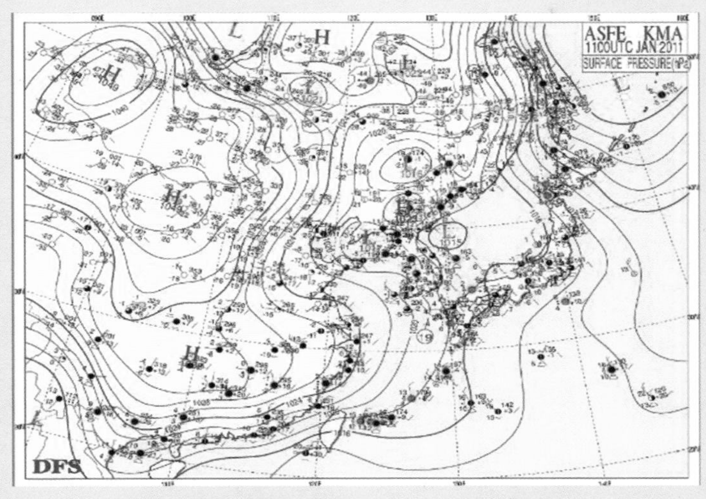

■ 2011년 1월 11일 한반도를 중심으로 한 동아시아의 기압계 (자료 제공: 기상청)

저기온이 영하 11.8도로 평년에 비해 6도 낮았던 반면, 이날은 서울의 최저기온이 영하 7.3도로 평년에 비해 불과 1.9도 낮았을 뿐이다. 이렇게 하루만에 급격하게 4도 이상의 온도 변화를 보인 이유는, 주 기압계인 시베리아 고기압이 하루 사이에 급격히 약해져서가 아니라 한반도 서쪽에 자리 잡은 작은 저기압의 영향으로 앞에서 설명했던 남풍 계열의 바람이 들어와 기온을 높이고 기존의 찬 공기와 만나 눈을 내리는 등 기압계의 흐름을 바꾸었기 때문이다. 우리나라는 삼면이 바다로 둘러싸여 있고, 크기는 작지만 지형이 복잡해 이처럼 작은 규모의 기압계의 생성, 소멸, 이동이 활발한 특징을 보인다.

따듯하고 찬 공기의 힘겨루기

더운 공기 덩어리와 찬 공기 덩어리가 만나면 어떤 일이 벌어질까? 사실 이 궁금증은 무역풍의 순환을 다룰 때 이미 해결했다. 적도에서 위로 올라간 따듯한 공기는 북동쪽으로 흐르고 아래쪽의 차가운 공기는 남서쪽으로 흐른다. 즉, 따듯한 공기와 차가운 공기는 층을 이루기 때문에 서로 떨어져서 움직인다. 공기는 온도에 따라 정해진 자리가 있는 것이다. 따듯한 (그래서 가벼워진) 공기는 위에, 차가운 (그래서 무거워진) 공기는 아래에 위치한다.

그러나 공기 덩어리의 위치는 위도에 따라 주변 환경의 영향을 받는다. 따듯한 공기와 차가운 공기가 층을 이루기도 하고, 마주보기도 한다. 북극 주변에 모여 있는 차가운 공기는 동쪽에서 서쪽으

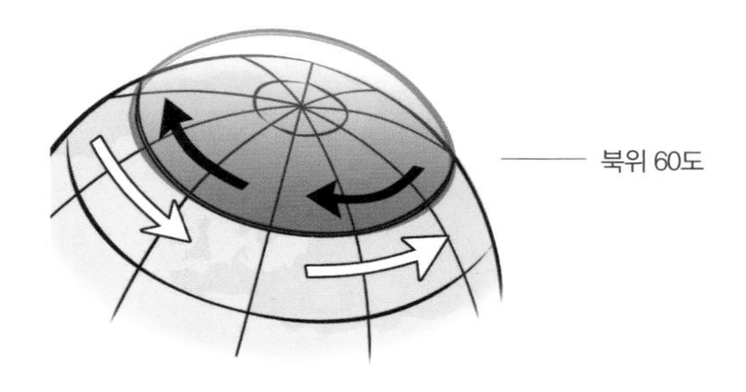

로 돌면서 북유럽 국가들이 있는 위도까지 영향을 미친다. 동시에 중위도에서 따듯한 공기가 중유럽과 남유럽으로 지속적으로 유입된다. 이 공기는 코리올리의 힘 때문에 서쪽에서 동쪽으로 회전하면서 유입된다.

북극 둘레의 북위 60도(스톡홀름 혹은 헬싱키)까지 차가운 공기가 모자처럼 두껍게 덮여 있는 모양이라고 상상하면 된다. 이론상으로 북극에서 발생한 차가운 공기의 소용돌이가 북위 60도를 경계로 돌고 있는 것이다. 그리고 중위도에서 발생한 따듯한 공기는 남서쪽에서 동쪽으로 이동하면서 북위 60도의 차가운 공기와 만나게 된다. 북위 60도 상공에서 동쪽에서 불어오는 차가운 공기와 서쪽에서 불어오는 따듯한 공기가 마주보게 되는 것이다. 이렇게 서로 반대 방향으로 흐르는 공기층 사이에는 매우 명확한 경계가 생긴다. 이 경계를 '전선면*frontal surface*'이라 하고, 전선면이 지표면과 만나는 선을 '전선*front*'이라고 부른다. 그리고 방금 설명한, 북극과

전선의 비틀림

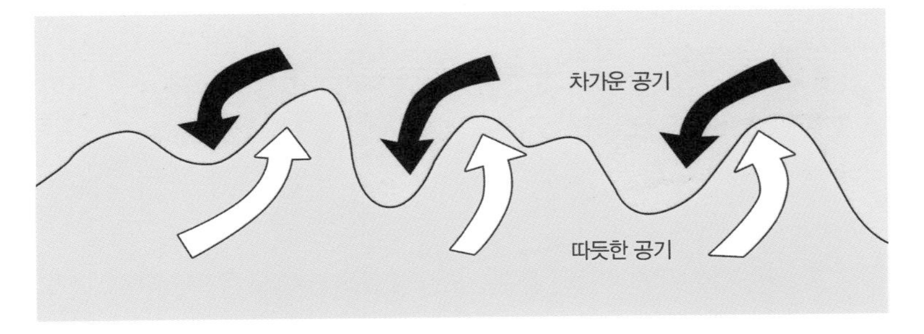

고위도에서 발생한 차가운 공기와 중위도의 따뜻한 공기가 만나서 발생한 전선을 '한대전선*polar front*'이라고 한다.

날씨 전선에서는 무슨 일이 벌어질까?

따듯한 공기와 차가운 공기가 서로를 지나쳐 흐르면, 즉 날씨 전선을 형성하면 공기의 성격이 매우 느리게 변한다. 서로 다른 공기의 성질 및 온도 교환이 매우 느리게 진행된다는 의미이다. 서로 마주보며 흐르는 상태가 며칠 동안 계속되기도 한다. 하지만 날씨 전선에서 '적'으로 만난 공기들은 성질이 너무 달라 더는 '평화'를 유지하며 공존할 수 없다. 시간이 지나면서 원래 선명했던 직선 모양의 경계선이 변해 서로의 영역을 침범한 파도 모양이 된다.

위의 그림에 표시된 화살표를 보면, 반대 방향으로 흐르던 공기들이 시간이 지나면서 소용돌이 형태로 변할 것임을 짐작할 수 있

한대전선의 형성

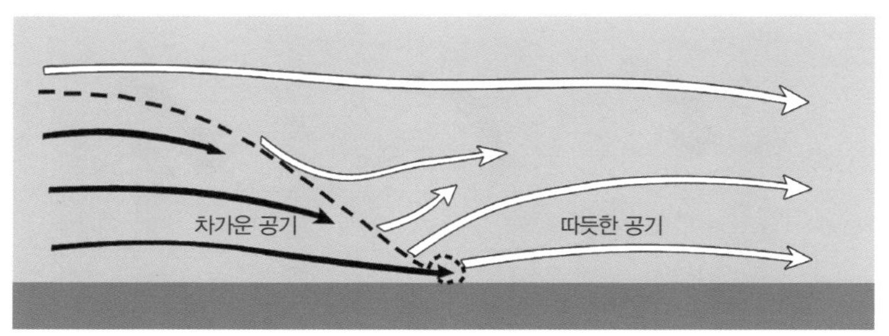

■ 왼쪽에서 쐐기 모양의 차가운 공기가 밀려온다. 따뜻한 공기는 차가운 공기에 밀려 위로 올라가면서 온도가 낮아진다.

다. 동쪽에서 흘러 들어오는 차가운 공기가 남쪽으로 치고 들어가면서 마치 남쪽에서 들어오는 따뜻한 공기를 포위하려는 것처럼 다시 동쪽으로 방향을 잡는다. 남쪽에서 진격하는 따뜻한 공기도 북쪽을 공격하면서 차가운 공기를 포위하기 위해 서쪽으로 가려는 경향을 띤다. 점차 북극의 차가운 공기는 남쪽으로, 아열대의 따뜻한 공기는 북쪽으로 침투한다. 이 과정을 통해 기습적인 한파가 몰려오기도 하는데, 미국처럼 차가운 공기를 막을 만한 높은 산맥이 없는 극단적인 경우에는 플로리다와 멕시코 만이 있는 북위 30도까지 내려오기도 한다. 이런 일이 발생하면 기온이 갑자기 30도나 내려가기도 한다.

한대전선은 '한랭전선'의 극단적인 형태이다. 한랭전선은 차가운 공기 덩어리가 따뜻한 공기 덩어리를 밀어 올리고 이동하면서 형성되는데, 극지방의 공기 덩어리는 매우 차갑고 무겁기 때문에

온난전선의 형성

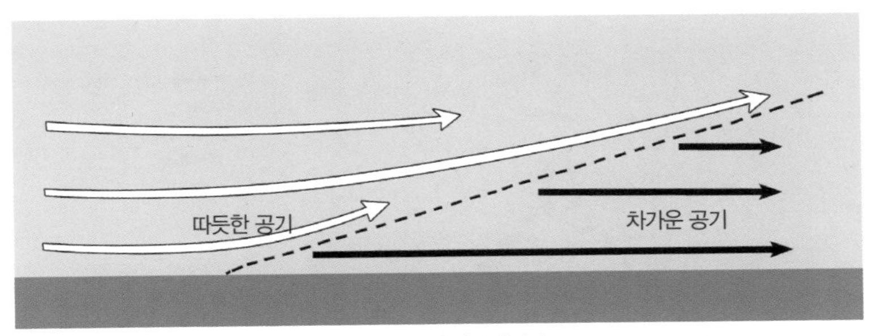

■ 따듯한 공기가 사선으로 올라가면서 온난전선이 만들어진다.

쐐기처럼 아래쪽에서 따듯한 남쪽 공기를 밀어낸다.

그러나 우리가 알고 있듯이 북쪽의 차가운 공기만 따듯한 공기를 밀어내는 것이 아니라 따듯한 공기도 한대전선의 경계선으로 밀고 들어간다. 무겁고 차가운 공기는 상대적으로 안정된 상태로 바닥에 머무는 반면 따듯한 공기는 산을 올라가는 것처럼 위를 향하게 된다. 그리고 위로 올라간 따듯한 공기는 차차 온도가 내려가는데, 이런 형태의 전선은 '온난전선'이라고 한다.

차가운 공기와 따듯한 공기의 상호작용은 날씨에 커다란 영향을 미친다. 바로 저기압의 탄생이다. 양쪽 공기가 경계선을 넘어 만나면서 저기압이 생긴다. 불안정한 한대전선은 저기압이 발생하는 가장 큰 원인이다. 처음에는 파도 모양을 띠던 공기 흐름이 저기압에서 전형적으로 나타나는 소용돌이 모양으로 변하고, 이것이 강력한 힘을 가진 저기압으로 발전해 날씨에 근본적인 영향을 미친다.

기상도

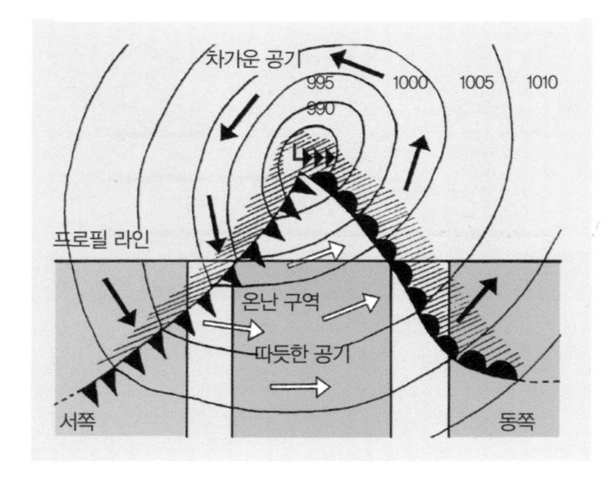

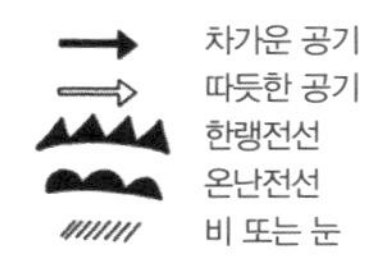

■ 저기압의 한랭전선과 온난전선 사이에 따듯한 공기 지역(온난 구역)이 갇힌다.

저기압은 언제나 똑같은 과정을 거쳐 형성된다. 남쪽 혹은 종종 남서쪽에서 밀려온 따듯한 공기는 차가운 공기와 만나 온난전선을 형성한다. 반대로 북쪽 혹은 북서쪽으로부터 밀려온 차가운 공기는 따듯한 공기와 만나 한랭전선을 형성한다. 그리고 온난전선과 한랭전선은 선명하게 서로의 경계선을 유지하다 점차 서로의 영역을 침범해 들어간다. 이 같은 현상 모두가 원 모양의 등압선 형태를 띠는 저기압성 순환 안에서 이뤄진다. 공기는 소용돌이 형태로 저기압 중심 주변의 등압선을 따라 시계 반대 방향으로 움직인다.

온난전선은 밀려오는 따듯한 공기의 압력과 소용돌이치는 공기 흐름의 영향을 받아 북동쪽으로 방향을 틀어 한랭전선과 부딪친다. 그러나 두 전선은 이동하는 속도가 다르다. 한랭전선은 온난전선이 방향을 트는 것보다 더 빠르게 앞으로 밀고 나온다. 따라서 한랭전선이 온난전선을 추월하게 되고 두 전선은 서로 만나 뒤섞인다. 이런 현상을 '폐색*occlusion*'이라고 하며, 한랭전선과 온난전선이 겹쳐진 전선을 '폐색전선'이라고 한다. 이 단계에 이르면 저기압은 그 수명을 다한다.

저기압은 생성에서 소멸에 이르기까지 한곳에 머무르지 않고 계속 움직이는데, 중앙유럽이 걸쳐 있는 위도에서는 거의 정해진 방향으로 이동한다. 온난 구역을 명확하게 확인할 수 있는 젊은 저기압은 따듯한 공기가 불어 들어가는 방향으로 계속 움직이는 것이 일반적이다. 따듯한 공기는 대부분 남서쪽에서 오기 때문에 저기압의 진행 방향이 북동쪽이 될 것이라고 쉽게 예측할 수 있다. 그러나 저기압이 동쪽에서 서쪽으로 이동하는 특별한 경우도 있다. 이런

저기압의 이동

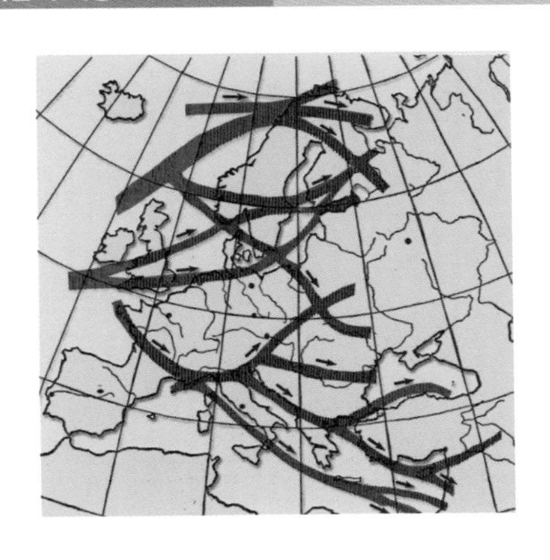

■ 유럽에서 저기압이 이동하는 경로

형태를 '역행 저기압*retrogression cyclone*'이라고 부른다. 그러나 이런 젊은 저기압의 진행 방향은 중앙유럽에 사는 사람들에게는 실질적으로 의미가 없다. 중앙유럽에서는 젊은 저기압을 경험할 기회가 거의 없기 때문이다. 대서양을 넘어 중앙유럽으로 이동한 저기압은 대부분 강력한 폐색이 진행된 상태로 도착한다.

유럽 전체가 대부분 이미 늙고 약해진 저기압이 통과하는 통로 역할을 한다. 젊고 강한 저기압은 어느 정도 정해진 경로를 따라 대서양을 건너 유럽까지 이동하지만, 그 여정에 지친 저기압은 유럽 대륙에 도착하는 순간 여러 갈래로 나뉜다. 지리적인 환경, 그중에서도 특히 산맥이 힘이 약해진 저기압의 진행 방향에 강력한 영향을 미치기 때문이다.

저기압과 고기압의 공생

저기압이 있는 곳에는 반드시 고기압도 있다. 저기압 지대로 들어가는 공기의 움직임이 고기압 지대의 차갑고 무거운 공기에서부터 시작되기 때문이다. 저기압과 고기압은 홀로 존재하는 것이 아니라 서로 영향을 미치는 한 쌍으로 존재한다.

지역마다 이렇게 다른 기압대가 만들어지는 이유는 대기권의 균형이 무너졌기 때문이다. 한 지역에서 기압이 올라간다는 것은 다른 지역에서 기압이 내려가는 것을 전제로 하고 그 반대의 경우

저기압과 고기압

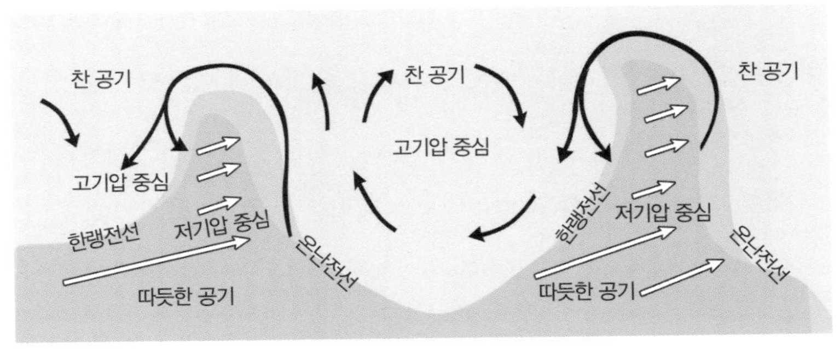

■ 서로 연속된 두 개의 저기압 개념도

도 마찬가지다. 때문에 원칙적으로는 두 개의 저기압에 차가운 공기를 가진 하나의 고기압이 존재한다. 그리고 이 고기압은 저기압과 함께 이동한다. 저기압의 한랭전선은 옆에 있는 고기압으로부터 공기를 공급받는다.

중앙유럽에서 날씨에 가장 큰 영향을 미치는 고기압은 '아조레스 고기압*Azores high*'이다(아조레스라는 이름은 포르투갈에서 서쪽으로 1,400킬로미터 떨어진 대서양의 아조레스 열도에서 따왔다). 이 고기압은 중위도에 있는 고기압대(아열대 고기압대)에 속한다. 남쪽에서 유럽과 아시아로 밀려와 극지방의 차가운 공기와 대결을 벌이는 따듯한 공기의 근원이 중위도에 있다. 아조레스 고기압은 (중위도 지역 어디나 그렇듯이) 아열대의 따듯한 공기가 정체되어 발생한다. 이 아열대 고기압은 적도의 높은 상공으로부터 흘러온 습한 공기가 내려앉으며 건조해지는 곳이다. 이런 고기압은 종종 오랫동안 한곳에 머물 수 있는데, 아조레스 고기압은 서쪽에서 다가오는 중앙유럽의 저기압을 밀어내 장기적으로 유럽 날씨에 영향을 미친다. 중앙유럽의 화창한 여름 날씨는 저기압을 막아낸 아조레스 고기압의 선물인 셈이다.

아조레스 고기압의 커다란 대항 세력은 아북극 저기압대에 속하는 '아이슬란드 저기압*Icelandic low*'이다. 아이슬란드 저기압과 아조레스 고기압은 서유럽과 중앙유럽의 날씨에 가장 큰 영향을 미친다. 여름에 중앙유럽에 비가 내리면 안심하고 그 탓을 아이슬란드 저기압에 돌릴 수 있다. 아이슬란드는 그린란드 동쪽 해변을 따라 남쪽으로 내려오는 차가운 공기가 통과하는 일종의 관문이자, 멕시코 만류가 끌어들인 남쪽의 따뜻한 공기가 도달하는 지역이다. 다르게 표현하자면 아이슬란드는 저기압을 만들어내는 '공장'이다. 저기압이 유럽 대륙으로 여행을 떠나는 출발점인 것이다.

아조레스 고기압이 특별히 강한 세력을 형성하면 멕시코 만류를 따라 올라온 따뜻한 공기가 북쪽 깊숙이까지 밀려가 아이슬란드에서 차가운 북극 공기와 강력하게 부딪친다. 그러면 그 강도에 맞춰 아이슬란드 저기압은 더욱 강력해진다. 일반적으로 아조레스 고기압이 높으면 높을수록 아이슬란드 저기압은 더욱 낮아진다고 말할 수 있다.

아이슬란드 저기압과 아조레스 고기압은 유럽을 위해 쉬지 않고 작업하는 '날씨 공장'이다. 그렇다고 해서 다른 공장들은 일하지 않고 쉬고 있다는 의미는 아니다. 거대한 아시아 대륙도 유럽 날씨에 영향을 미친다. 여름에는 아시아 대륙이 뜨거운 불판이 되어 따듯한 공기를 만들어낸다. 아시아 대륙의 공기는 높은 상공까지 올라간 다음 중앙아시아 지역에 저기압을 형성한다. 겨울에는 반대 현상이 일어난다. 아시아 대륙의 공기가 매우 차가워져서 커다란 시베리아 고기압을 만들어낸다(시베리아에서는 섭씨 영하 50도까지 기온이 내려간다). 시베리아 고기압의 차가운 공기는 서쪽에 인접한 지역(중앙유럽)과 전선을 형성하여 종종 봄이 올 때까지 이어지는 매서운 추위를 만들어낸다.

알프스 남쪽 지역도 중앙유럽의 날씨에 영향을 미친다. 알프스 남쪽에서 자생적으로 발생한 것은 아니지만 강력한 저기압이 자주 그리고 오랫동안 그곳에 머문다. 이 저기압은 대서양에서 발생하기 때문에 알프스 북쪽의 다른 저기압과는 종류가 다르다. 이 저기압은 남쪽에서 알프스 산맥으로 강력한 바람을 보내 알프스를 넘어 부는 푄 현상을 만들어낸다.

지금까지 중앙유럽의 날씨를 결정하는 아이슬란드 저기압, 아조레스 고기압, 거대한 아시아 대륙, 그리고 가끔 형성되는 알프스 남쪽의 강력한 저기압에 대해 알아봤다. 이 네 가지 요소가 1년 내내 중앙유럽의 수없이 많은 고기압과 저기압을 만들어내고, 움직이고, 마침내 사라지게까지 한다. 간단히 말해 유럽의 날씨는 이들 손에 달려 있는 것이다.

한반도를 쥐락펴락하는 전선과 기단은 무엇일까?

대기가 변하는 이유는 여러 가지이고, 그중 대표적인 하나가 서로 다른 종류의 공기가 만나 섞일 때이다. 앞에서 유럽의 사례를 보며 살폈듯이 차가운 공기와 더운 공기의 만남, 건조한 공기와 습윤한 공기의 충돌 등이 그 대표적인 예이다. 세상의 모든 일에 있어 서로 다른 것이 만나 섞이면 좋은 방향이든 혹은 나쁜 방향이든 서로 부딪치면서 조정 과정을 거치다 안정화 단계에 접어들게 된다. 지구의 대기도 마찬가지이다. 다른 성질의 공기가 만나 결합하는 과정에서 새로운 에너지 변환이 일어나고 날씨가 변한다.

대기가 변하는 또 다른 이유는, 한 종류의 공기가 지표면의 영향을 받아 성질이 변할 때이다. 그렇지만 이 경우에는 공기가 넓은 해양이나 대륙에 오랫동안 머물러 있어야 한다는 전제 조건이 붙는다. 거대하고 찬 대륙 위에 공기가 오랫동안 머물러 있으면 건조하고 차가운 공기로 변한다. 반면 거대한 바다 위에 오래 머물면 습하고 따뜻한 공기로 바뀐다.

이런 과정을 통해 넓은 지역에 수평적으로 만들어진 성질이 거의 균일한 공기 덩어리를 '기단氣團'이라고 한다. 기단이 중요한 이유는 기단의 성질에 따라 그 지역의 기압계가 형성되고 특유의 날씨가 만들어지기 때문이다.

여름철의 불청객, 장마

찬 공기 덩어리와 더운 공기 덩어리가 만나 전선을 형성하고 날씨에 영향을 미치는 대표적인 사례는 여름철의 불청객 장마이다. 우리나라, 일본, 중국에 여름 동안 많은 비를 가져오는 장마(장마전선)는 정체전선의 일종이다. 정체전선은 두 공기의 세력이 비슷해 공기가 어느 쪽으로도 이동하지 않고 한곳에 오랫동안 머물러 있거나 매우 느리게 움직인다.

장마는 우리나라와 유럽의 날씨를 비교할 때 손꼽히는 특징이다. 장마전선의 활약으로 우리나라는 연간 강수량의 50~60퍼센트가 장마 기간을 포함한 여름에 집중된다. 그럼 유럽에서는 형성되지 않는 장마전

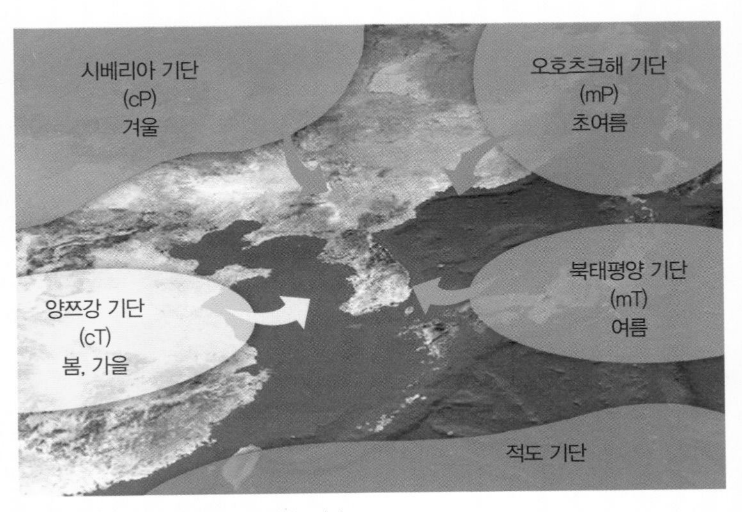

■ 계절별로 우리나라에 영향을 미치는 기단

선이 여름철 우리나라를 중심으로 만들어지는 이유는 무엇일까? 여름철에 우리나라 날씨에 영향을 미치는 한반도 주변의 기단에서 그 답을 찾을 수 있다.

앞의 그림은 우리나라에 영향을 미치는 기단들이다. 겨울철에는 차고 건조한 시베리아 기단, 봄과 가을에는 따듯하고 건조한 양쯔강 기단, 여름에는 차고 습한 오호츠크해 기단과 따듯하고 습한 북태평양 기단이 영향을 미친다. 그리고 북태평양 기단처럼 열대성 해양 기단인 적도 기단도 우리나라 여름철 날씨에 영향을 미치는데, 적도 기단은 태풍이 우리나라 쪽으로 북상할 때 몰려와 큰비를 내린다.

시베리아 기단은 시베리아 고기압의 원천이며 겨울철 추위를 가져다준다. 양쯔강 기단은 따뜻하기 때문에 불안정하지만 대륙에 중심을 두고 있어 건조하다. 때문에 구름이나 비가 거의 없고, 이동성 고기압의 형태로 우리나라에 다가와 봄과 가을에 맑은 날씨를 만들어준다.

여름철에 영향을 미치는 오호츠크해 기단과 북태평양 기단은 모두 해양성 기단이지만 전자는 차갑고 습한 반면, 후자는 따뜻하고 습하다. 따라서 두 기단이 여름철에 인접한 지역에 위치하면 두 기단 사이 경계면에 전선이 형성된다. 둘 중 어느 하나가 강하면 온난전선이나 한랭전선이 되어 이동한다. 그러나 우리나라의 6월부터 7월 사이에는 북태평양 기단과 오호츠크해 기단이 공교롭게도 세력의 균형을 이루어 어느 쪽으로도 치우치지 않고 정체전선을 형성한다. 이 전선이 바로 장마전선이다.

남쪽의 북태평양 기단에서 만들어진 북태평양 고기압이 습하고 따뜻한 남풍계열의 바람을, 오호츠크해 기단에서 만들어진 오호츠크해 고기압이 한랭한 북동기류를 지속적으로 공급하면서 장마전선이 약해지지 않는다. 이렇게 유지된 장마전선은 계속해서 많은 비를 내린다. 그러다 여름이 깊어가면서 북태평양 고기압의 세력이 커지고 오호츠크해 고기압이 약해지면 장마전선을 유지하는 균형이 깨져 장마가 끝난다. 장마가 끝난 후 우리나라는 덥고 습한 북태평양 고기압의 지배를 받아 습윤하고 더운 날씨가 계속된다.

이렇듯 우리나라에 영향을 주는 기단들 그리고 그 기단으로부터 파생된 기압계들의 충돌과 이동은 우리나라 날씨를 쥐락펴락하는 주요 요인이다. 우리나라의 기후변화도 궁극적으로는 이 기단들 그리고 이와 관련된 기압계에 변화가 생겨 이제까지 겪어보지 못한 기상 현상이 나타나는 것이라 말할 수 있다.

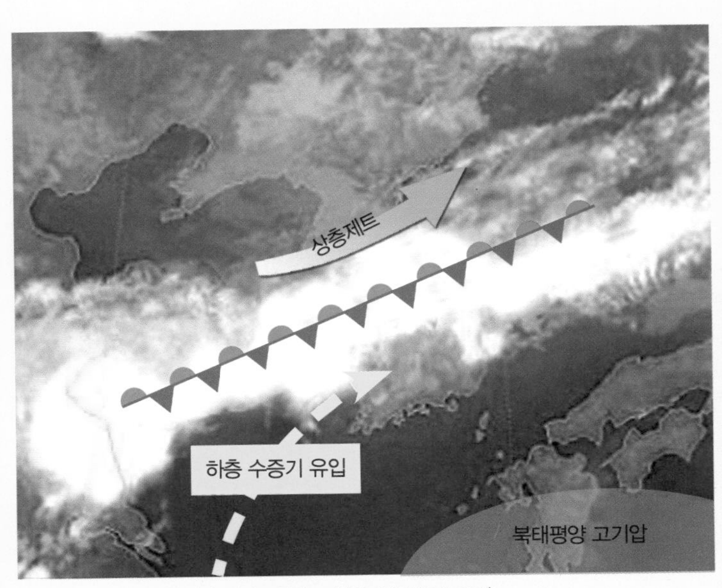

■ 우리나라의 장마철 기상도 (자료 출처 : 기상청, 《장마백서》, 2011)

자연의 공습, 회오리바람

앞에서 살펴봤듯이 지구 대기에 저기압이 형성되면 저기압 중심을 둘러싸고 소용돌이 형태의 공기 흐름이 생긴다. 그리고 이때 저기압이 얼마나 강한 힘을 가지고 있느냐에 따라 저기압 중심을 둘러싼 공기 흐름, 즉 바람의 강도가 달라진다.

고기압과 저기압은 기압의 차이를 나타내는 상대적인 개념이기 때문에 저기압은 지구 어디에나 생길 수 있다. 하지만 모든 저기압이 강력한 바람을 만들어낼 수 있는 것은 아니다. 강력한 회전을 일으키는 바람은 열대지방의 바다에서 종종 발생하곤 한다. 이 바람은 엄청난 속도와 힘으로 오래전부터 바다를 항해하는 수많은 범선을 괴롭히며 이름을 떨쳤다. 바람을 만든 주인공은 바로 '태풍*typhoon*'이다.

태풍은 열대지방에서 발생한 특별하게 강력한 '열대저기압 *Tropical Cyclone*'을 가리키는 말이다. 열대저기압은 발생한 지역에 따라 다른 이름으로 불리는데, 태풍은 북서태평양에서 발생하여 아시아 대륙으로 불어오는 것을 가리킨다. 그리고 북대서양 카리브해 · 멕시코 만 · 북태평양 동부에서 발생한 것은 '허리케인*hurricane*', 인도양 남부 · 벵골 만과 아라비아 해에서 발생한 것은 '사이클론*cyclone*'이라고 한다. 태풍 · 허리케인 · 사이클론은 발생 원인과 특성이 모두 같은 열대저기압이다. 다만 지역에 따라 이름을 다르게 부를 뿐이다(이 책에서는 이름을 달리 불러 열대저기압이 발생한 지역을 구분할 필요가 없는 경우 우리에게 익숙한 '태풍'으로 표기하였다).

태풍은 제한된 좁은 지역에서 형성된 매우 집중적이고 농도 짙은 저기압이다. 밀도가 높은 저기압은 중심을 둘러싼 등압선 사이의 간격이 매우 좁다. 다시 말해서 중심에 가까워질수록 기압이 급격히

회오리바람의 공기 회전

북반구

남반구

낮아진다. 강한 기압차가 생길수록 저기압 중심으로 소용돌이치며 빨려 들어가는 바람도 강해진다. 강한 회오리바람이 생기는 것이다. 이때 풍속은 풍력계급 12(초당 약 120킬로미터)를 가볍게 넘어선다. 중심의 풍속이 초당 300킬로미터에 육박했던 기록도 있다.

회오리바람이 불어온다는 것은 기압이 극단적으로 떨어질 것임을 예고하는 신호다. 바다를 배경으로 한 영화에서 선장이 매우 근심어린 표정으로 기압계를 바라보는 장면을 종종 볼 수 있다. 선장의 굳은 표정은 곧 엄청난 재앙이 다가올 것임을 예감하게 하며 영화의 긴장감을 높인다.

열대저기압 지역에서 발생하는 태풍은 대부분 태양이 바다를 가장 강하게 내리쬐는 여름철의 적도무풍대 북쪽이나 남쪽 경계선에서 발생하며, 일반적으로 발생한 지역에서 부는 바람을 따라 이동한다. 태풍이 바람을 타고 높은 위도에 도착하면 그곳에서 부는 기류를 따라 동쪽으로 방향을 급격히 바꾸면서 서서히 위력을 잃는다. 그곳 바닷물의 온도가 낮아 세력을 유지하는 데 필요한 에너지를 공급받지 못하기 때문이다.

카리브 해와 미국 남부에서 맹렬한 세력을 과시하던 허리케인들은 대부분 대서양을 건넌 후 평범한 저기압으로 변해 일생을 마감한다. 그곳에는 따듯한 바닷물이라는 결정적인 전제 조건이 빠져 있기 때문이다. '따듯한' 바닷물이란 섭씨 27도가 넘는 경우를 말하는데, 이런 온도는 오직 열대지방에서만 가능하다. 북위 30도에서 남위 25

도 사이의 바다여야 하고 그것도 여름에만 가능한 온도다. 더 정확하게 말하자면 여름이 끝나갈 무렵이 되어 바닷물이 가장 많은 열을 저장하고 있어야 충족된다.

태풍은 어떻게 만들어질까?

그럼 태풍이 어떻게 만들어지는지 구체적으로 살펴보자. 강력한 태양으로 데워진 적도 바다는 열에너지를 계속 품고 있지 못하고 증발하는 물을 통해 대기권으로 방출한다. 그래서 거대한 양의 습하고 따듯한 공기가 바다 수면 위에 모인다(태풍의 형성 과정 Ⅰ-1).

따듯하고 매우 습한 공기가 위로 올라가면 저기압 지역이 생겨나고, 공기가 상승하면서 공기 속 수증기가 응결된다. 다시 말해서 구름을 형성해 비를 내린다(태풍의 형성 과정 Ⅰ-2). 응결 과정에서 열이 방출되면서 공기는 더 상승할 수 있는 힘을 얻는다. 이런 과정을 통해 거대한 구름탑이 만들어진다. 구름탑은 대기권의 15킬로미터 상공까지 올라간다(태풍의 형성 과정 Ⅰ-3).

점점 더 강해지는 상승운동은 해수면 위에 강력한 저기압 지대를 만들어내고 저기압 지역으로 주변의 습하고 따듯한 공기를 계속 빨아들인다(태풍의 형성 과정 Ⅱ-4). 이렇게 유입된 공기는 저기압 중심에서 위로 빨려 올라가고 회오리바람을 만드는 과정에 더 많은 에너지를 공급한다(태풍의 형성 과정 Ⅱ-5). 저기압은 점점 더 강력해지면서 태풍으로서의 '삶'을 시작한다. 지구의 자전 때문에 구름이 자체 축을 중심으로 회오리 모양으로 돌기 시작하기 때문이다(태풍의 형성 과정 Ⅱ-6). 이때부터 스스로를 강력하게 만드는 과정이 갈수록 빨라진다.

태풍이 빠르게 힘을 키우는 동안 구름은 넓은 지역에 걸쳐 복잡한 구조를 띤다. 이때 우주에서 바라보면 거대한 소용돌이 모양의 구름을 관찰할 수 있다. 구름 소용돌이의 중심에서는 대부분 '태풍

태풍의 발달

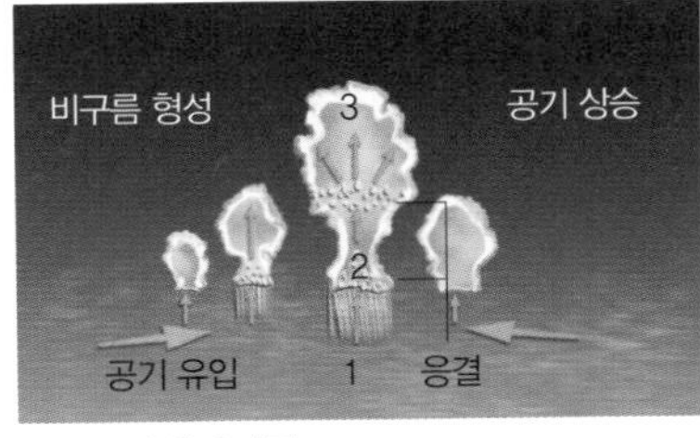

■ 태풍의 형성 과정 Ⅰ

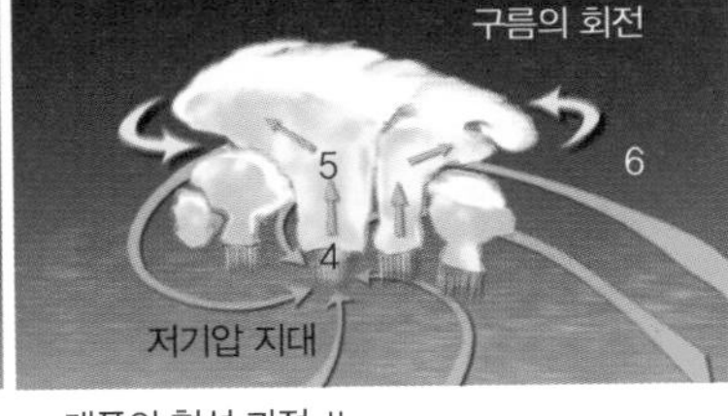

■ 태풍의 형성 과정 Ⅱ

■ 태풍의 형성 과정 Ⅲ

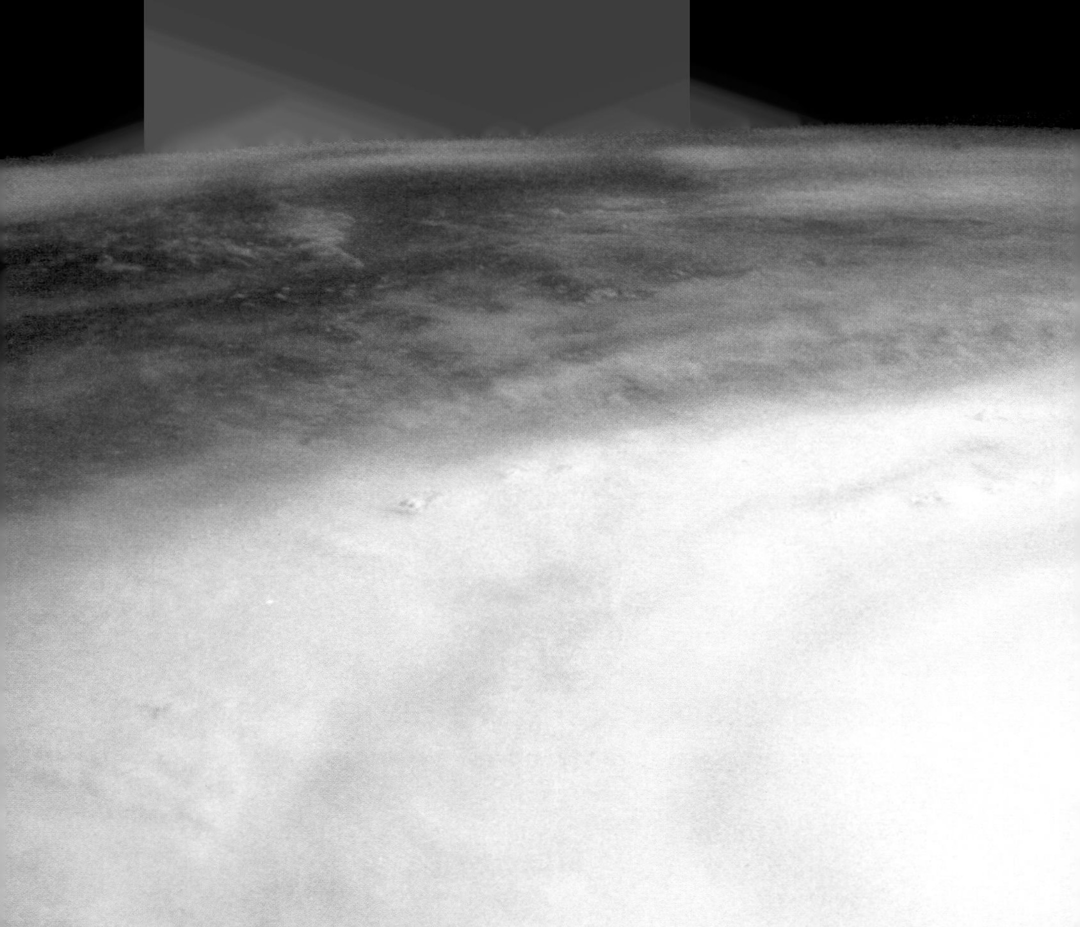

■ 우주에서 바라본 태풍

의 눈'을 볼 수 있다. 그곳에는 바람도 구름도 없다. 태풍의 눈은 대부분 지름이 20~50킬로미터를 넘지 않으며(태풍의 형성 과정 Ⅲ-7), '구름벽'이라고 불리는 원통 모양의 구름에 둘러싸여 있다(태풍의 형성 과정 Ⅲ-8).

이런 식으로 열대성 저기압으로부터 열대폭풍 단계를 거쳐 강력한 태풍이 형성된다. 이때 가장 강력한 바람(최대 초당 300킬로미터)이 태풍의 눈을 둘러싼 구름벽에서 생겨난다. 중심에 가까울수록 회전하는 지역의 지름이 작아지기 때문에 소용돌이에 빨려 들어간 공기는 중심을 향해 갈수록 빠르게 회전한다. 회전하는 운동에너지가 점점 더 좁은 공간에서 분산되기 때문에 회전 속도가 더욱 빨라지는 것이다. 위로 올라가던 따듯한 공기는 올라가는 도중에 대부분의 습기와 열에너지를 잃고 뚜껑 역할을 하는 성층권에 부딪혀 더는 올라갈 수 없게 된다. 성층권까지 도달한 공기 중 일부는 다시 태풍의 눈 속으로 들어가서 구름벽을 타고 아래로 밀려 내려간다(태풍의 형성 과정 Ⅲ-9, 10). 이때 얼음처럼 차가운 공기는 아래로 내려가면서 다시 따듯해지고 구름은 형태를 잃게 된다. 때문에 태풍의 눈에는 구름 한 점 없는 것이다. 태풍의 눈 속으로 들어가지 않은 공기 대부분은 소용돌이 형태로 (이번에는 시계 방향으로) 태풍의 끝부분까지 밀려나서 아래로 내려온다(태풍의 형성 과정 Ⅲ-11).

이런 과정을 거쳐 형성된 태풍은 바다 위를 시속 30~35킬로미터의 속도로 이동하면서 계속해서 더 많은 양의 습하고 따듯한 공기를 위로 올려 보내며 힘을 유지한다. 이제부터 태풍의 '수명'은 예측하기가 쉽지 않은 이동경로에 따라 달라진다. 태풍은 물리적 조건이 조금만 변해도 매우 민감하게 반응하기 때문에 어떻게 변할지 예측하기 어려우며, 평균적으로 7~10일 동안 이동하다가 생을 마감한다.

태풍이 바다 위에서 이동하는 동안은 배가 피해 가기만 하면 문제될 게 없다. 그러나 태풍이 해안에 도달하면 그곳 주민에게 커다란 위협이 된다. 특히 위협적인 것은 태풍이 몰고 오는 높이 10미터가 넘는 해일이다. 2004년 9월에 발생하여 북아메리카 대륙을 강타한 허리케인 '이반'은 높이가 28미터나 되는 해일을 몰고 왔다. 태풍이 도착한 해안에 많은 사람이 살고 있고 너무 늦게 경고한다면 수천 명에 이르는 인명 피해와 수조 원에 이르는 재산 손실이 발생할 수 있다. 다행스럽게도 태풍은 육지에 도착하면 빠르게 세력이 약해진다. 습하고 따듯한 공기가 계속해서 공급되지 못하기 때문이다. 육지에 도착한 태풍은 길어야 2~3일 동안 형태를 유지하다가 보통의 저기압으로 변한다.

육지 태풍, 토네이도

육지에서도 종종 태풍과 혼동을 일으킬 만큼 닮은 형태의 회오리바람이 생겨난다. 토네이도*tornado*다. 그러나 토네이도의 발생 원

원자폭탄보다 1만 배나 강력한 자연의 공습

태풍은 지구상에서 발생하는 자연현상 중 가장 큰 피해를 입히는 기상 현상 중 하나다. 보통 세기의 태풍이 갖고 있는 에너지는 1945년 일본 히로시마, 나가사키에 투하되었던 원자폭탄의 약 1만 배 위력을 갖고 있다. 이 사실만으로도 태풍의 위력과 파생되는 피해를 가히 짐작할 수 있다. 그렇다고 태풍이 무서운 얼굴만 갖고 있는 것은 아니다. 태풍은 적도 부근이 극지방보다 태양열을 더 많이 받기 때문에 생기는 열적 불균형을 해소시켜 지구 전체가 열적 평형을 이루게 하며, 수자원을 공급하고, 대기와 바다를 정화하는 선한 얼굴도 갖고 있다. 인간에게 막대한 피해를 입히지만 태풍은 지구 전체를 위해서 꼭 필요한 자연현상이다.

우리나라는 북서태평양 지역에서 발생하는 연평균 27개의 열대저기압, 즉 태풍 중에서 6월~10월 사이에 두세 개의 태풍의 직접적인 영향을 받아 많은 피해가 발생하고 있다. 반면 독일은 내륙 지방이기 때문에 태풍의 직접적인 피해는 입지 않으나 태풍에서 변질된 저기압*Cyclone Depression* 때문에 커다란 피해를 입곤 한다. 최근의 예로 2010년 2월에 허리케인 '신시아*Xynthia*'가 서부유럽을 강타하고 변질된 저기압이 독일 북서부를 지나가면서 큰 피해를 입혔다.

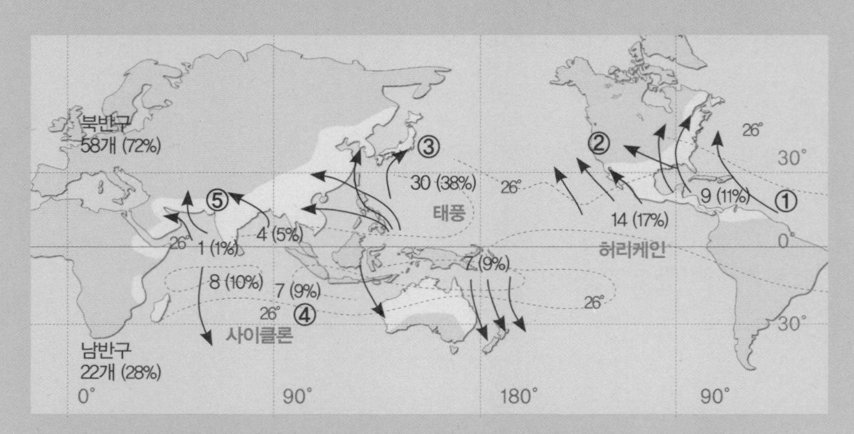

■ **열대저기압이 발생하는 지역과 명칭, 발생빈도**(출처 : 기상청, 국가태풍센터)

① 북대서양 서부, 서인도제도 부근 ② 북태평양 동부, 멕시코 앞바다

③ 북태평양 동경 180도의 서쪽~남중국해 ④ 인도양 남부 ⑤ 벵골 만과 아라비아 해

인은 태풍과 전혀 다르다. 토네이도는 강하게 데워진 바다에서가 아니라 뜨겁게 달궈진 육지에서 발생한다. 더 정확하게 말하자면 땅 가까이에서 따듯한 공기와 찬 공기가 만나 발생한다. 이때 무겁고 차가운 공기와 가볍고 따듯한 공기가 위치를 바꾸면서 위로 상승하는 바람이 만들어진다. 그리고 따듯한 공기에 포함되어 있는 많은 양의 습기가 상승과 동시에 방출되면서 비구름을 형성한다. 땅 위에서 발생한 돌풍의 압력으로 위로 올라가는 바람에 회전이 생기고 결국에는 모든 것을 빨아들이는 강력한 회오리바람이 만들어진다.

토네이도는 태풍에 비해서 훨씬 규모가 작으며 '생존 기간'도 비교할 수 없을 정도로 짧다. 하지만 토네이도는 매우 갑작스럽게 형성되기 때문에 발생을 거의 예측할 수 없다. 토네이도의 회오리가 생성된 후 지표면까지 도달하는 시간은 수초에 불과하지만 엄청난 파괴력을 가진 바람으로 발전한다. 언제 비구름이 이렇게 모든 것을 빨아들이는 회오리로 발전하는가는 예측하기 어렵다.

토네이도는 땅 위라면 어디에서든 발생할 수 있다. 그러나 지구 표면과 공기의 마찰이 가장 적고 공기가 소용돌이를 만드는 데 방해가 될 만한 산악이 없는 평야 지역이 가장 이상적이다. 이런 조건을 가장 잘 갖춘 곳이 미국 중서부 지역이다. 미국 중서부는 낮은 산조차 없는 대평원 지대다. 강력한 토네이도가 발생할 수 있는 결정적인 요소를 가지고 있는 셈이다. 그곳에서는 1년에 1,000건 정도의 토네이도가 발생한다. 세계에서 가장 많은 양이다. 반면 유럽에서는 한 해에 아무리 많아도 300건을 넘지 않는다.

이미 언급했듯이 토네이도는 비구름이 회오리바람으로 발전한 것이다. 토네이도의 전제 조건은 남쪽에서 불어오는 습하고 따듯한 공기와 북쪽에서 불어오는 차갑고 건조한 공기가 부딪치는 것이다. 미국의 중서부에는 바람을 가로막는 산악이 없기 때문에 이런 조건이 매우 쉽게 충족될 수 있다. 북극의 차가운 공기는 물론이고 남쪽의 습한 바람도 어떤 방해도 받지 않고 초원지대로 불어올 수 있다. 즉, 멕시코 만에서 강한 열에너지를 저장한 습한 공기와 극지방

토네이도

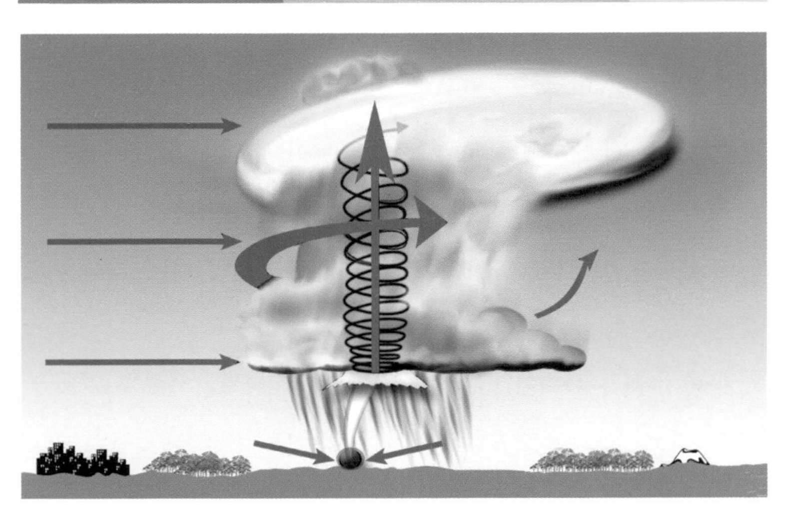

■ 수평으로 부는 바람이 비구름을 회전시키면 토네이도가 발생할 수 있으며, 구름 내부에 끌어당기는 힘이 형성될수록 강력해진다. 그러면 구름으로부터 코끼리 코 같은 것이 만들어져 땅바닥까지 닿게 된다. 이때부터 토네이도의 파괴적인 행동이 시작된다.

에서 불어오는 차가운 공기가 여름에 매우 뜨겁게 달궈진 지역에서 곧바로 마주치는 것이다.

차가운 공기 전선이 습하고 따듯한 열대지방의 공기를 만나면 원칙적으로 강력한 악천후가 발생하지만 그렇다고 해서 자동적으로 토네이도가 생기지는 않는다. 차가운 바람과 따듯한 바람의 층이 불안정해질 때 토네이도가 발생한다. 차가운 공기와 따듯한 공기가 부딪치는 경우에는 무겁고 차가운 공기가 가볍고 따듯한 공기를 위로 밀어 올려서 높은 상공에서 보통의 비구름을 형성하는 것이 일반적이다. 이 경우에는 구름이 스스로 회전하는 현상이 발생하지 않는다. 그러나 차가운 공기와 따듯한 공기가 불안정한 상태에서 겹치면, 무겁고 차가운 공기가 가볍고 따듯한 공기 위에 놓인다. 이때 약간의 강한 바람만 불어와도 거의 폭발적인 위치 교환이 일어난다. 차가운 공기가 아래로 급격하게 내려오고 따듯한 공기는 빠른 속도로 위로 솟구친다. 비로소 엄청난 소용돌이가 형성되는 것이다. 보통의 비구름에서는 올라가는 바람과 내려오는 바람이 섞이면서 서로의 세력을 약화시키지만 앞의 경우에는 올라가는 바람과 내려오는 바람의 영역이 깨끗하게 분리되어 서로를 방해하지 않는다. 뜨거워진 초원 위에서 발생하는 강력한 상승작용을 통해 회전하는 구름의 힘이 갈수록 강해진다. 결국 구름 내부에 강력하게 회전하는 원통형 공간이 형성된다. 그리고 점점 더 빠르게 회전하는 구름 아래쪽에서 엄청난 힘으로 모든 것을 빨아들이는 코끼리

코 모양의 꼬리가 나와 서서히 땅에 가까워진다.

토네이도의 크기에 따라 꼬리는 수초에서 한 시간까지 모습을 유지한다. 그리고 수백 미터에서 10킬로미터 이상까지 파괴적인 여정을 지속한다. 토네이도의 꼬리는 크기가 아무리 커도 일이백 미터를 넘지 않기 때문에 파괴 범위 자체는 매우 제한적이다. 그러나 회전 반경이 좁은 만큼 토네이도의 세력 범위 안에서는 가공할 만한 파괴력을 발휘한다. 좁은 토네이도 꼬리 안에서 회전하는 공기의 속도는 시속 500킬로미터나 된다. 지구에서 자연현상이 만들어 내는 가장 빠른 속도다. 그렇기 때문에 토네이도가 지나간 곳은 태풍이 지나간 곳보다 그 피해 정도가 훨씬 심하다. 한 가지 다행인 사실은 회전 범위가 수백 미터에 지나지 않기 때문에 피해 범위도 좁다는 것이다.

우리나라의 토네이도

지금까지 우리나라에서 관측된 가장 센 바람은 태풍에 의한 것이다. 2003년 9월 한반도를 강타한 제14호 태풍 '매미'는 마산 앞바다로 상륙하여 동해상으로 빠져나갈 때까지 우리나라에 엄청난 피해를 입혔다. '매미'는 우리나라 내륙을 지나면서 한때 시속 약 210킬로미터의 강풍으로 위력을 과시했다. 최고 풍속이 시속 500킬로미터를 넘는 토네이도와 비교하면 느린 것 같지만, 매미의 풍속은 지금까지 우리나라에서 관측된 가장 센 바람이었다.

지구상에서 가장 강력한 바람을 만들어내는 토네이도는 미국 중부 평원에서 가장 많이 발생하여 미국의 대표적인 재해기상 요소로 분류된다. 하지만 미국뿐만 아니라 남극을 제외한 거의 모든 대륙에서 토네이도가 관측되고 있다. 그렇다면 우리나라에서도 토네이도가 발생할까? 2~3년에 한 번씩 돌풍 피해가 발생하면 토네이도가 나타났다고 추정하기도 하지만 아직까지 우리나라에서 토네이도가 발생했다는 근거는 확실하지 않다. 단지 해상에서 발생하는 토네이도인 용오름 현상은 1년에 수차례씩 관측되고 있다.

용오름은 육지에서 발생하는 토네이도와 같은 원리로 형성된다. 토네이도가 서로 다른 종류의 공기가 만나서 발생하는 것처럼 용오름은 차고 건조한 공기가 따뜻한 물과 국지적으로 부딪치면서 수면으로부터 물방울 등을 동반한 강한 소용돌이가 일어나는 것이다.

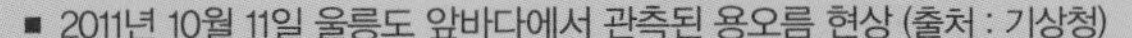
■ 2011년 10월 11일 울릉도 앞바다에서 관측된 용오름 현상 (출처 : 기상청)

비와 구름 이야기

지금까지는 공기가 일으키는 현상에 국한해서 날씨를 설명했다. 그리고 공기는 태양과 지구의 자전으로부터 영향을 받아 광범위하게 움직이는 것으로 생각했다. 이런 관점에서 보면, 날씨는 다양한 강도와 온도를 가진 태양광선과 바람이다. 즉, 차가운 공기와 따듯한 공기가 서로 뒤엉키고 지속적으로 맞서는 과정에서 빚어진 결과였다. 그러나 여기에는 결정적인 요소가 하나 빠져 있다. 바로 비와 눈이다.

공기에는 항상 수증기가 포함되어 있다. 지구 표면의 70퍼센트가 물로 덮여 있기 때문이다. 물은 증발하는 성질을 가지고 있고, 많은 열이 가해질수록 증발은 더 강하게 일어난다. 기체 형태의 보이지 않는 수분이 공기 중에 퍼지는 것이다. 그리고 수분을 머금은 공기가 차가워지면 미세한 물방울이 생겨나 구름이 된다.

구름은 하늘에서 잔뜩 흐린 먹구름 형태를 띠거나 안개가 되어 지상으로 내려오지 않는다면 날씨가 보여주는 현상 중에서 가장 아름답다고 말할 수 있을 것이다. 태양에 대해서 나쁘게 말할 생각은 없지만 오랫동안 구름 없는 맑은 하늘만 바라보게 된다면 정말로 지루할 것이다. 생각만 해도 끔찍하지 않은가! 그런 면에서 구름은 날씨의 백미라고 말할 수 있다. 그럼 구름은 어떻게 만들어질까? 왜 그렇게 많은 종류의 구름이 생기고, 거기에서 다양한 비와 눈의 형태가 만들어지는 것일까?

공기도 물을 마신다

다양한 구름에 대해서 알아보기 전에 먼저 공기 중에 있는 수분의 성질을 확실하게 살펴볼 필요가 있다. 공기 중의 수분이 어디에서 오는지는 우리가 이미 알고 있다. 수분은 바다와 호수, 늪지대, 강, 저수지 등에서 증발하여 생긴다. 또 식물이 지하수를 지구 표면으로 끌어올리는 작용으로도 상당 부분 생겨난다. 지구를 덮고 있는 엄청난 양의 물이 증발해서 공기 중에 섞이고 바람에 의해 대기의 모든 곳으로 퍼져 나간다. 그러나 아무리 높아도 지상 15킬로미터 높이까지만 올라갈 수 있다.

증발에는 열에너지가 필요하다. 물 1그램을 완전한 기체 상태로 만들기 위해서는 600칼로리의 열에너지가 필요한데, 이 에너지는 태양이 제공한다. 수증기에는 물을 증발시키는 데 쓰인 에너지가 포함되어 있는 것이다. 수분을 함유한 공기는 높이 올라가면서 차가워진다. 공기가 상승하면 차가워진다는 사실은 이미 앞에서 다루었다.

공기는 100미터 상승할 때마다 약 섭씨 1도씩 온도가 내려간다. 매우 강력한 냉각작용이다. 이 과정에서 수증기는 열에너지를 공기 중으로 배출하고 구름이 된다. 이른바 '응결열'(어떤 온도의 기체가 액체로 응결되면서 방출하는 열)을 방출하는 것이다. 물리 법칙에 따르면 모든 에너지는 절대 사라지지 않는다. 응결열도 사라지지 않고 (예를 들어 운동에너지로 변한다든가 하면서) 날씨에 상당한 영향을 미친다.

지구를 덮고 있는 공기는 많은 수분을 받아들일 수 있다. 우리는 공기 중에 수증기가 많이 포함되어 있으면 '공기가 습하다'고 하고, 적게 포함되어 있으면 '공기가 건조하다'라고 말한다. 이 같은 공기의 습도는 온도와 직접적인 관계가 있다. 다시 말해서, 공기가 따뜻하면 할수록 더 많은 수분을 받아들일 수 있는 것이다. 공기가 어느 정도의 수분을 포함하고 있는지를 표기하는 단위로는 '절대습도'와 '상대습도'가 있다.

절대습도는 세제곱미터당 몇 그램의 수분을 포함하고 있는가를 나타내고, 상대습도는 공기 중에 어느 정도의 수분이 포함되어 있는가를 퍼센트로 나타낸다.

공기는 섭씨 0도에서 1세제곱미터당 약 5그램의 수분을 받아들일 수 있다. 공기의 온도가 섭씨 15도로 상승하면 13그램의 수분을, 섭씨 30도로 상승하면 30그램의 수분을 받아들일 수 있게 된다. 기온이 올라가면서 공기가 받아들일 수 있는 수분의 양은 산술급수가 아니라 기하급수적으로 올라간다. 즉, 공기의 온도가 두 배 올라가면 공기가 받아들일 수 있는 수분의 양은 두 배가 아니라 두 배보다 훨씬 더 많은 양이 되는 것이다. 이러한 공기의 성질 때문에 매우 따듯한 공기는 특별히 많은 수분을 받아들일 수 있다. 반대로 차가운 공기(영하 40도)는 더는 수분을 받아들이지 못한다.

1세제곱미터의 공기가 섭씨 0도에서 5그램의 수분을 포함하고 있고, 섭씨 15도에서는 13그램을, 30도에서는 30그램을 포함하고 있다면 완전한 포화상태이다. 각각의 온도에서 더는 수분을 받아들일 수 없다는 말이다. 세 가지 경우를 공기의 상대습도로 나타내면 100퍼센트이다. 만일 공기의 상대습도가 50퍼센트라고 한다면 섭씨 0도에서는 2.5그램, 15도에서는 6.5그램, 30도에서는 15그램의 수분이 1세제곱미터의 공기 중에 포함되어 있음을 의미한다.

포화상태가 된 공기의 온도가 올라가면 공기의 상대습도는 내려간다. 즉, 건조해진다. 그러면 더 많은 양의 수분을 흡수할 수 있게 된다. 반대로 포화상태인 공기의 온도가 내려가면 현재 포함하고 있는 수분을 더 는 유지할 수 없게 되어 남는 수분을 미세한 물방울로 방출해야 한다. 이렇게 공기의 습도는 공기의 온도와 직접적인 관계가 있다.

공기 중의 습도를 측정하기 위해서는 습도계*Hygrometer*가 필요하다. 예전에 사용한 습도계는 머리카락이 습한 공기에서는 늘어나고 건조한 공기에서는 줄어드는 성질을 이용했다. 특히 여성의 적색을 띤 금발이 습도에 민감하게 반응한다는 사실 때문에 일찍부터 습도계로 이용되었다. 머리카락과 바늘을 연결하여 머리카락의 길이가 변할 때 바늘이 가리키는 수치가 어떻게 변하는지를 관찰한 것이다. 물론 지금은 머리카락 대신 습도에 비슷하게 반응하는 화학섬유를 사용해서 습도를 잰다.

구름은 어떻게 생겨날까?

이제 우리는 '구름이 어떻게 생겨나는가?'라는 질문에 답할 수 있다. 구름은 포화상태에 이른 공기가 차가워지면서 방출한 수분이 모여 만들어진다. 그리고 그 수분은 기체에서 액체로 상태가 변한다. 따라서 공기의 상대습도가 100퍼센트 이하면 구름은 절대 만들어지지 않는다. 매우 습하고 따듯한 공기가 식을 때 많은 구름이 만들지는 것이다.

구름을 이루는 아주 미세한 물방울은 지름이 약 0.004~0.1밀리미터 정도에 불과해서 매우 약한 바람에도 움직인다. 공기 중에 상승기류가 없을 때에도 중력 때문에 아주 서서히 아래로 내려온다. 이때는 한 시간당 2~3밀리미터밖에 내려오지 않기 때문에 물방울이 서서히 내려오다가 온도가 높은 공기층을 만나면 다시 증발해버린다.

우리 눈에 구름이 똑같아 보이는 것은 단지 겉모습만 그럴 뿐이다. 실제로는 구름 속에서 물방울들이 아래로 내려갔다가 올라가기도 하고 증발했다가 다시 물방울로 변하기도 하는 과정을 반복한다. 평균적으로 구름에는 1세제곱미터당 약 100억 개의 물방울이 들어 있다. 그냥 보기에는 구름이 가볍게 하늘을 떠다니는 것 같지만 평균적인 크기의 구름은 무게가 약 200톤이나 된다. 코끼리 80마리의 무게인 것이다.

구름을 오랫동안 관찰하면 구름의 어떤 부분에서 증발이 일어나고 다른 어떤 부분에서 새로 구름이 만들어지는지를 알 수 있다. 그러나 여기서 기억해야 할 것은 공기 중에 있는 수분의 포화상태(100퍼센트의 상대습도) 하나만으로는 구름이 만들어지지 않는다는 사실이다. 구름이 만들어지기 위해서는 공기에서 방출된 물방울이 응결할 수 있는 '응결핵凝結核'이 필요하다. 다시 말해서 수증기가 결합할 수 있는 대상이 필요한 것이다. 목욕탕에서 따듯하고 습한 공기가 차가운 벽에 응결되어 물방울로 맺히는 것과 같은 원리이다. 응결핵은 불에 타고 남은 재, 화산 폭발로 생긴 미세 먼지, 바다 표면에서 바람과 증발 작용으로 분리된 후 대기의 흐름을 따라 높은 곳까지 온 미세한 소금 알갱이 등과 같은 아주 작은 물질 이다. 그리고 대기 중에서 아주 작은 입자로 분해되는 유성도 응결핵 구실을 하는 중요한 재료이다. 결국 구름은 남아도는 물 분자가 공기 중에서 아주 작은 고체 입자와 만나 결합한 결과물이다.

대기에는 대부분 구름을 형성할 수 있는 충분한 응결핵이 존재한다. 그러나 고도가 너무 높아서 공기 중에 충분한 응결핵이 없으면 남아도는 물 분자는 공기 중에 남아 있다가 공기 온도가 섭씨 영하 36도 이하로 내려가면 응결핵 없이도 얼기 시작한다. 이렇게 만들어진 아주 작은 얼음 조각은 영하 36도 이상의 온도에서 다른 물 분자들과 결합한다.

구름은 높은 곳에서뿐만 아니라 지구 표면 바로 위에서도 만들어진다. 추운 계절에 습한 공기가 매우 차가운 땅 위를 지나갈 때 땅에서 전도된 차가운 기온이 습한 공기의 온도를 낮춰 물방울이 방출되게 한다. 그래서 생기는 것이 '안개'다. 안개는 땅 위에서 생긴다는 것이 다를 뿐 구름과 똑같다. 이때 미세한 물방울들은 땅과 식물은 물론 모든 물질에 달라붙는다. 안개가 주변을 적시는 이유가 여기에 있다. 안개는 땅 가까이에 응결핵이 많을수록 두텁게 낀다.

또한 날씨가 맑고 기온이 찬 밤에도 땅이 젖을 수 있다. '이슬' 때문이다. 이슬은 열을 잃어버린 땅의 온도가 공기보다 더 낮을 때 수증기가 땅 바로 위에서 응결되어 일어나는 현상이다.

과학의 눈으로 들여다본 구름과 안개

구름과 안개 현상에 대해서는 오랫동안 많은 연구가 진행되었지만 여전히 많은 부분이 베일에 싸여 있었다. 그 비밀을 풀기 위해서 2006년 초 라이프치히에 있는 대류권 연구소에서 세계에서 가장 큰 구름 시뮬레이터를 가동하였다.

16미터 높이의 탑 모양을 한 시뮬레이터는 1밀리미터의 굵기와 8미터의 길이를 가진 냉각관에서 습한 공기와 응결핵을 쏘아 보낸다. 이렇게 하면 길고 얇은 인공 구름이 만들어지는데, 구름을 만드는 각 물방울들의 형성 과정을 정확하게 연구할 수 있다. 특히 대기권에서 구름이 만들어질 때 영향을 미치는 다양한 기체들을 연구하는 데 유용하다.

이제 하늘에서 구름이 만들어지는 과정을 좀 더 자세하게 살펴보자.

더운 여름날을 상상해보자. 지상의 기온은 섭씨 30도다. 공기는 그다지 습한 편이 아니어서 상대습도 50퍼센트이다. 그리고 기압은 1,013헥토파스칼이다. 땅 위에서 따듯해진 공기가 위로 올라가고 우리가 알고 있는 것처럼 100미터 상승할 때마다 기온이 1도씩 떨어진다. 이러한 첫 단계를 '건조 단계'라고 표현할 수 있다. 건조 단

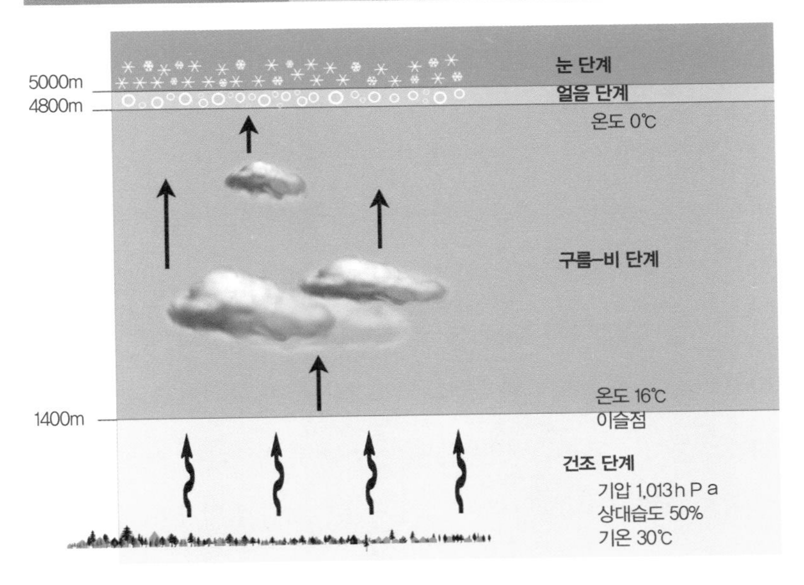

계에서는 공기의 온도가 내려가는 것 외에는 아무것도 변하지 않는다. 그러다 상승한 공기가 1,400미터에 도달하면 공기의 온도는 섭씨 16도가 된다. '이슬점*dew point*'(공기 속의 수증기가 응결하여 이슬이 생기기 시작하는 온도)에 도달한 공기는 응결하기 시작한다.

앞에서 가정한 대로 공기는 섭씨 30도에 50퍼센트의 상대습도를 가지고 있었다. 다시 말해 세제곱미터당 15그램의 수증기를 포함하고 있었다. 수증기의 양은 섭씨 16도에서도 그대로 유지되지만 막 포화상태, 즉 상대습도 100퍼센트에 도달한 것이다(섭씨 30도에 50퍼센트의 상대습도를 가진 공기의 이슬점은 섭씨 16도이다). 이 공기가 약 1,400미터 이상으로 올라가면 구름을 만든다. 이때부터 '구름-비 단계'가 시작된다.

구름을 형성한 공기는 여전히 주위 온도보다 따듯해서 계속 상승하지만 이전처럼 빠르게 온도가 내려가지는 않는다. 수증기가 응결할 때 발생하는 응결열로 공기가 조금 데워지기 때문이다. 그래서 공기는 올라갈 수 있는 힘을 계속해서 얻는다. 기온이 섭씨 16도인 공기는 1,400미터 높이에서부터는 100미터 상승할 때마다 기온이 약 0.45도씩 내려간다. 건조한 공기와 습한 공기가 같은 높이까지 상승했다면 습한 공기의 온도가 더 적게 내려간다. 응결열 때문에 공기가 다시 따듯해져서다. 구름-비 단계에서 비가 되어 내리지 않으면 공기는 계속 상승하면서 서서히 온도가 내려간다. 이때 미세한 물방울도 함께 상승한다. 약 4,800미터까지 도달하면 공기의 온도는 물의 어는점인 섭씨 0도까지 내려간다.

이때부터 공기와 함께 올라온 물방울이 어는 '얼음 단계'가 시작되고, 순수한 액체나 기체 상태의 물질이 결정結晶이 될 때 생기는 '응고열'이 방출된다(응고열은 얼음이 녹을 때 필요한 열에너지의 양과 똑같다). 응고열은 응결열과 똑같이 작용하여 공기의 온도가 크게 내려가지 않고 계속 상승할 수 있게 해준다. 물이 얼면 온도가 일정하게 섭씨 0도에 머무르기 때문이다. 그러나 온도가 내려가지 않으면서 공기가 상승하는 구간은 약 200미터 정도에 불과하다.

이렇게 해서 공기가 5,000미터에 이르면 '눈 단계'라고 하는 네 번째 단계가 시작된다. 이곳에서는 여전히 형태를 유지하고 있던 나머지 수증기가 물방울로 변하는 과정을 거치지 않고 곧바로 얼어버려서 미세한 눈 결정체가 된다.

지금까지 습한 공기가 상승해서 구름이 되는 과정을 살펴봤다. 이 과정을 바탕으로 공기가 아래로 내려올 때 생기는 일들도 쉽게 유추할 수 있다. 공기는 내려오면서 온도가 올라가고 갈수록 더 많은 수증기를 받아들인다. 따라서 하강하는 공기는 공기가 상승하면서 만들어 낸 구름을 해체시킨다. 고기압 지역에서 거의 구름을 볼 수 없는 이유가 여기에 있다.

구름이 생기는 기본 원인을 정리하자면, 첫째는 높은 고도에서 역동적으로 온도가 내려가는 성질을 가진 습한 공기이고, 둘째는 지상 근처에 있는 차가운 공기층이나 차가운 땅의 영향으로 발생한 습한 공기의 온도 저하이다. 두 번째 경우에는 안개가 발생하지만 안개도 근본적으로 구름과 다르지 않다. 높은 하늘에서도 따듯하고 습한 기단이 차가운 기단 위에 놓이면 안개와 같은 현상이 발생한다.

따듯한 공기가 아래쪽에 있는 차가운 공기에 열을 빼앗기면 높은 곳에서 안개가 생긴다. 넓게 퍼진 밀도가 낮은 구름층이 생기는 것이다. 이런 구름층은 형태가 없고 아래쪽에서 봤을 때 우리 머리 위에 넓게 퍼져 있는 안개처럼 보인다. 이런 방식으로 구름층이 생겨나는 높이는 매우 다양하지만, 일반적으로는 약 2,500미터 이하의 낮은 대기층에서 만들어진다. 이것을 '층운*stratus*'이라고 부른다. 층운은 구름의 세 가지 기본 형태 중 하나이다.

층운 못지않게 중요한 구름 형태가 구름 형성 과정에서 습한 공기의 상승 때문에 만들어진다. 이때 발생하는 구름은 거대한 수직 형태를 띤다. 강하게 상승하는 공기에서 발생하는 구름층은 두터우면서도 지름이 수 킬로미터에 달한다. 이런 구름을 '적운*cumulus*'이라고 한다. 적운은 상승하면서 위쪽 경계선을 강력한 힘으로 밀어 올린다. 누군가가 주먹으로 위쪽 뚜껑의 밑면을 계속해서 올려 치는 것과 같은 모양이다. 그래서 적운의 위쪽 경계면은 위로 부풀어 울퉁불퉁한 모습을 보인다. 둥근 돔 모양이 되기도 하고 울퉁불퉁한 포도 모양이 되기도 한다.

반면 적운의 아래쪽 경계면은 상승하는 습한 공기의 이슬점, 즉 상대습도가 100퍼센트에 이르는 점에서 매끄럽게 잘린 형태를 띤다. 높은 고도까지 올라가는 적운은 습하고 따듯한 여름에 자주 나타나는 구름 형태다. 적운에 태양이 비치면 눈부신 흰색을 띤다. 그러나 태양이 적운 뒤에 있을 때에는 우리가 저녁 시간대에 지평선 너머로 자주 관찰할 수 있는 것처럼 대단히 어둡고 울퉁불퉁한 구름과 구름 주변으로만 밝은 형태를 띠는 모습을 보여준다.

적운의 위쪽 경계면에는 계속 밀어 올리는 힘이 작용하기 때문에 습한 공기와 함께 딸려온 물방울들이 계속해서 경계면 위로 올라간다. 물방울은 부분적으로 증발하지만 그곳의 낮은 온도 때문에 곧바로 다시 응결된다. 이 과정을 거쳐 미세한 얼음 결정으로 이뤄진 안개가 적운 위에 만들어진다. 얼음 안개는 둥근 돔 모양을 한 적운 위를 뚜껑처럼 덮는다. 그때 옆에서 바람이 불어오면 뚜껑은 적운으로부터 떨어져 나와 광범위하게 펼쳐진다. 이런 형태의 구름을 '권운*cirrus*'이라고 한다.

권운은 5,000미터에서 1만 미터 사이의 상공에서 흐르는 빠른 기류를 만나기 때문에 그 아래에 있는 적운보다 빠르게 이동한다. 다시 말해서 권운이 적운보다 한 발 먼저 움직이기 때문에 우리는 권운을 보고 적운이 다가오고 있음을 미리 알 수 있으며, 이는 날씨를 예측하는 데 큰 도움이 된다. 적운은 보통 저기압대가 다가오고 있다는 신호이기 때문이다.

앞의 세 가지 구름 형태(층운, 적운, 권운)는 19세기 초 영국의 기상학자 루크 하워드*Luke Howard*가 복잡하고 다양한 구름을 분류하는 기본 형태로 확정한 것이다. 하워드의 구름 분류법은 괴테가 쓴 '하워드의 구름 형태에 관하여'라는 글을 통해 널리 알려졌다. 그러나 정작 괴테 자신이 발표한 내용은 널리 인정받지 못했다. 이는 당연한 결과였다. 괴테는 날씨는 지구가 호흡을 하여 생긴 것이라는 잘못된 이론을 내세웠던 것이다.

세계기상기구는 하워드의 구름 분류법에 기초해서 '국제 구름 도감'에 구름의 세 가지 기본 형태를 소개하고, 40여 개의 특별한 구름 형태를 10개의 종으로 나누어 분류했다.

구름의 10가지 기본 형태 (구름 사진 제공: 기상청)

■ **권운** *Ci, cirrus* : 고도 7,000미터에서 1만 3,000미터 사이에 형성된다. 부드러운 실로 만든 베일이나 깃털처럼 생긴 권운은 미세한 얼음 결정으로 되어 있으며 희고 부드럽게 빛나는 얼음 구름이다. 종종 저기압대가 다가올 것임을 예고하기도 한다.

■ **권적운** *Cc, cirrocumulus* : 고도 7,000미터에서 1만 3,000미터 사이에 형성된다. 권운이 여러 겹으로 뭉쳐 만들어진 부드러운 구름이다. 작은 덩어리 모양이며 얼음 결정체로 이뤄져 있다.

■ **권층운** *Cs, cirrostratus* : 고도 7,000미터에서 1만 3,000미터 사이에 형성된다. 엷고 흰 얼음 구름 형태로 대개 하늘 전체를 뒤덮는다. 태양광선이 권층운의 미세한 얼음 결정에 반사되면 소위 후광현상이 생긴다. 태양이나 달 주위로 흰색 빛이 뚜렷하게 보이는 것은 권층운 때문에 나타나는 전형적인 현상이다. 후광현상은 권층운을 이루는 육각형 모양의 얼음 결정체 때문에 생겨난다. 그리고 아주 특별한 경우이긴 하지만 태양광선이 얼음 결정체에 반사되어 권층운 전체가 무지개 색을 띠기도 한다. 이런 현상이 나타나기 위해서는 태양이 최소한 수평선 위로 58도 이상 기울어야 한다. 그러면 구름 속에 있는 수직으로 선 육각형의 얼음 결정체들이 프리즘 역할을 하여 태양광선을 통과시키면서 무지개 색으로 분리한다.

■ **고적운** *Ac, altocumulus* : 고도 2,000미터에서 7,000미터 사이에 형성된다. 우리가 보통 '양떼구름'이라고 부르는 구름이다. 흰색 공이나 원기둥이 뭉쳐 있는 것처럼 보이며 대부분 물방울로 이뤄져 있다.

■ **고층운** *As, altostratus* : 고도 2,000미터에서 7,000미터 사이에 형성된다. 회색이나 푸른색을 띠고 균일하게 층을 이루고 있으며 대부분 하늘의 넓은 부분을 덮고 있다. 태양이 빛이 바랜 원판처럼 보이게 하지만 권층운과는 달리 후광현상을 만들어내지 않는다. 고층운이 두꺼우면 태양을 완전히 가려버리기도 한다. 고층운도 궂은 날씨가 다가올 것임을 예고한다.

■ **층적운** *Sc, stratocumulus* : 고도 2,000미터 아래에 형성되며, 우리가 자주 접할 수 있다. 하늘 전체가 두꺼운 구름으로 덮이지만 구름층의 깊이가 그렇게 깊지는 않다. 층운에서 적운으로 옮아가는 과도기적 형태를 띤다. 좋은 날씨를 나타낼 때에는 밝은 색을 띠며 종종 구름 사이로 파란 하늘이 보이기도 한다. 층적운의 색이 어두워지면 비구름이 된다. 그러나 실제로 비가 내리지는 않고 다만 공기가 습해진다.

■ **층운** *St, stratus* : 고도 2,000미터 아래에 형성된다. 층운은 대개 균일한 층을 이루면서 매우 낮은 하늘을 덮고 있거나 땅 바로 위에서 안개 형태를 띤다. 비행기나 산 정상에서 내려다보면 상층 경계선이 매우 일정한 형태를 띤 층운을 관찰할 수 있다. 층운은 보통 안개비를 동반하며, 차갑고 무거운 공기가 계곡 형태의 지형에 모여드는 가을과 겨울에 자주 볼 수 있다.

■ **난층운***Ns, nimbostratus* : 500미터에서 6,000미터 사이의 매우 다양한 고도에서 형성된다. 비나 눈을 만드는 어두운 회색 구름으로 층운이 여러 겹 겹친 것이다. 하늘에서 난층운이 보이면 (항상 그런 것은 아니지만) 거의 비나 눈이 내린다고 보면 된다.

■ **적운***Cu, cumulus* : 적운은 하늘을 향해 수직으로 올라간 모양의 구름이다. 아래쪽은 거의 평면에 가까운 매끄러운 층을 이루고 있다. 위쪽으로 불룩하게 솟아오른 부분은 계속해서 형태를 바꾼다. 상층부는 태양광선을 받아 밝게 빛나지만 하층부는 대개 어두운 빛을 띤다. 여름에는 밝고 작은 적운이 만들어진 다음에 계속해서 따듯한 공기가 유입됨에 따라 시간이 갈수록 강력한 구름이 된다. 따듯하고 습한 공기가 유입되고 대기가 불안정한 상태가 되면 더 강력한 적란운으로 발전한다.

■ **적란운***Cb, cumulonimbus* : 적란운은 강한 바람과 뇌운을 동반한 강력한 비나 우박을 내리는 전형적인 비구름으로 최고 1만 3,000미터 높이까지 올라간다. 중간 부분이 거대한 적운으로 되어 있는데 전체적으로는 커다란 탑이나 산 모양을 하고 있다. 위쪽은 종종 얼음 결정체로 이루어진 권운이 되어 실 모양으로 퍼져 있는 모습을 보인다. 권운은 종종 대류권의 위쪽 경계선까지 올라간다. 적란운의 아래쪽에서는 난층운과 비슷한 형태의 구름이 형성된다.

지금 살펴본 10가지 종류의 구름은 무한히 많은 구름 형태의 개략적인 모습만을 보여준다. 그러나 날씨 초보자에게는 매일 하늘에서 일어나는 일들을 보고 파악하는 데 분명히 도움이 된다. 물론 전문가를 위한 더 자세한 분류가 있지만 우리가 그것까지 관심을 기울일 필요는 없다. 더 자세한 분류라고 해봐야 앞에 설명한 구름이 변형되거나 서로 합쳐진 것 등이기 때문이다. 실제로 구름의 종류를 정확하고 확실하게 밝히려면 오랜 경험이 필요하다. 구름의 형태를 밝히기 위해서 가장 좋은 방법은 기회가 있을 때마다 구름을 관찰하는 것이다. 그러다 보면 언젠가는 구름을 보고 날씨가 어떻게 변할지 어느 정도 예측할 수도 있을 것이다.

신비한 구름의 속살

구름을 연구하는 학문의 역사가 200년이 넘었는데도 우리는 구름 내부에서 일어나는 일에 대해 극히 일부분만 알고 있다. 구름의 내부는 수많은 요소가 복잡하게 얽혀 있는 수수께끼이다. 구름은 단순히 물방울과 얼음 조각으로 구성되어 있는 것이 아니라 인간이 대기로 뿜어대는 오염물질은 물론 공기 중에 떠다니는 수많은 입자까지 포함하고 있다. 또한 구름이 형성되는 과정도 이론상으로 보면 명료하지만 실제로 상세히 들여다보면 절대 그렇지 않다. 물방울과 결합하는 응결핵 하나만 보더라도 무척이나 복잡하다.

구름의 종류

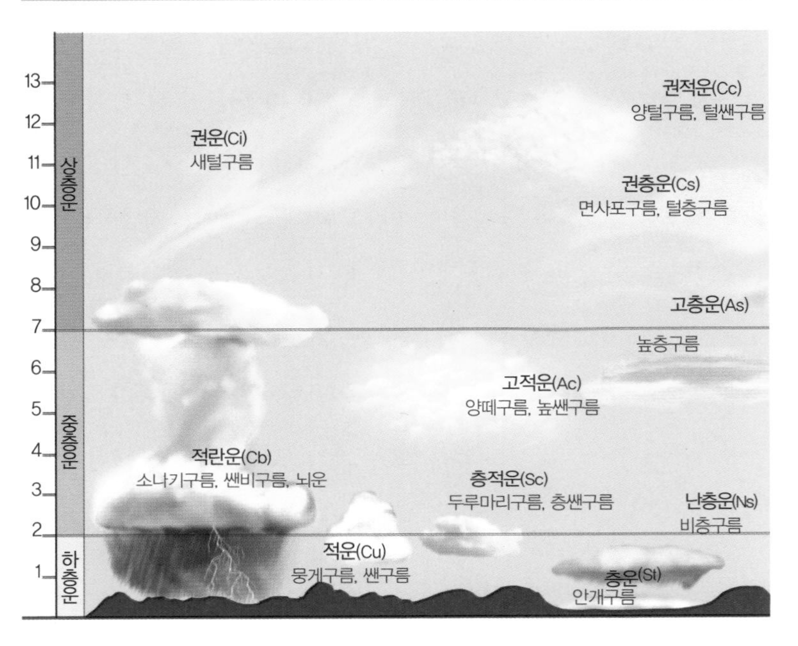

예를 들어 구름을 연구하는 이스라엘의 물리기상학자 다니엘 로젠펠트*Daniel Rosenfeld*는 많은 산업시설이 있는 대도시에서 발생한 구름에서는 상대적으로 비가 적게 내린다는 사실을 밝혀냈다. 대도시에서 형성된 구름도 바다에서 만들어진 깨끗한 비구름과 똑같은 수분을 포함하고 있지만 훨씬 더 많은 응결핵을 가지고 있다. 그래서 각각의 응결핵에 상대적으로 적은 수의 물 분자가 결합하여 매우 작은 빗방울만 만들어지고, 이들은 비가 되어 내리지 못한 채 계속 공중에서 떠다닌다. 즉, 공기에 입자가 많다고 해서 필연적으로 더 많은 비를 내리는 것은 아니다.

더 나아가서 충분한 비구름이 되기 위해서는 구름이 얼마나 많은 미세먼지를 포함하고 있어야 하는가에 대한 답도 아직까지 밝혀지지 않았다. 또한 고도가 높은 하늘에서 미세한 얼음 결정체로 이뤄져 있는 권운에 대해서도 여전히 모르는 부분이 많다. 권운에서는 1만 개의 응결핵 중에서 오직 한 개에만 얼음 결정체가 결합한다는 사실을 과학자들이 밝혀냈지만, 왜 하필 그 하나의 결정체에만 결합하는가에 대해서는 알아내지 못했다.

구름은 수분으로 이뤄져 있다. 그리고 가끔은 수분이 너무 많아 그 일부를 내려놓는다. 우리가 '비'라고 부르는 날씨 현상이 생기는 것이다. 빗방울은 구름 속에서 물방울들이 응결체에 붙어 점점 더 커지면서 생겨난다. 두 개의 물방울이 하나로 합쳐지면 거의 두 배 크기가 된다. 결국 그 물방울은 떠다니는 구름 속에 더는 머무를 수 없을 정도로 크고 무거워져서 중력에 의해 땅으로 떨어진다. 이때 구름 속의 공기가 위로 올라가는 힘이 너무 강하면 커다란 물방울이라 하더라도 오랜 시간 공중에 떠 있을 수 있다. 그러다 갑자기 상승기류가 멈춰버리면 커다란 물방울들이 한꺼번에 아래로 떨어진다. 바로 '호우 혹은 억수'라고 부르는 날씨 현상다. 이때 물방울의 크기는 8밀리미터 이상이 된다.

일반적으로 내리는 비의 물방울은 지름이 최소한 0.5밀리미터이다. 그리고 초당 3미터 이상의 속도로 내려온다. 이슬비의 물방울

지름은 0.5밀리미터보다 작고 낙하속도도 더 느리다. 이슬비는 대개 안개나 층운에서 내린다. 가끔은 미세한 얼음 알갱이로 되어 있는 진눈깨비가 내리기도 한다. 상층에 있는 따듯한 공기층에서 만들어진 빗방울이 그 아래에 있는 차가운 공기층으로 떨어지면서 얼어서 발생하는 현상이다.

눈도 비와 다르지 않다. 단지 기온이 낮으면 눈이 된다. 기온이 섭씨 0도에서 영하 10도일 때 눈이 내린다. 응결핵에 미세한 물방울이 곧바로 얼어붙어서 0.1밀리미터도 되지 않는 아주 작은 얼음 결정체가 된다. 이때 응결체는 엄밀하게 말하자면 결정핵이다. 현미경으로만 볼 수 있는 이러한 미세한 얼음 결정체가 아래로 내려오면서 다른 결정체와 결합하여 눈송이가 되고 땅으로 흩날린다.

우리 눈에는 똑같아 보이지만 사실 똑같은 눈송이는 하나도 없다. 각각의 눈송이는 수많은 얼음 결정체가 합쳐진 결과물이다. 눈송이의 마지막 형태는 눈송이가 아래로 내려오면서 커지는 가운데 통과하는 온도의 미세한 차이로 결정된다. 그런데 구름을 통과하면서 성장하는 눈송이는 수없이 많은 온도 차이를 가진 공기층을 지나고, 땅에 떨어질 때까지 정확하게 똑같은 길을 거쳐 내려오는 눈송이는 하나도 없기 때문에 모든 눈송이가 다른 형태를 띠게 된다. 기온에 따라서 공기에 있는 물 분자가 다른 방식으로 달라붙는 것이다.

가장 큰 눈송이는 온도가 어는점에 가까울 때 만들어진다. 춥다고 해서 눈송이가 커지는 것은 아니다. 추위가 심할 때에는 공기 중의 수증기가 적어 많은 얼음 결정체를 만들어낼 수 없다. 그러면 아래로 내려오면서 눈송이로 결합하는 결정체도 작다. 이때는 일종의 싸라기눈이 내린다. 싸라기눈은 우박보다 크기가 작고 잘 부서진다. 이와는 반대로 적절한 조건이 갖춰지면 거대한 눈송이도 만들어질 수 있다. 남아메리카의 안데스 지역에는 축구공 크기의 눈송이가 내렸다고 한다. 그곳에서 눈싸움을 하면 정말로 재미있을 것이다. 특정한 조건 하에서는 얼어가는 물방울이 반투명하거나 불투명한 알갱이로 합쳐지기도 한다. 우리가 진눈깨비라고 부르는 눈이 만들어지는 것이다.

이렇게 다양한 형태와 특성을 지닌 눈송이가 만들어지는 비밀을 풀기 위해서 오래전에 실험실에서 인공 눈송이를 만들었다. 실험 결과, 처음에는 얼음 결정체가 각각의 물 분자로부터 규칙적인 육각형으로 커진다는 사실이 밝혀졌다. 이는 물 분자를 항상 육각형으로 만들려는 약한 전기의 힘 때문이다. 얼음 결정체의 크기는 약 0.01밀리미터이며 여섯 개의 꼭짓점에 갈고리 모양의 싹이 자라기 시작한다. 그래서 모든 눈 결정체는 육각형의 대칭을 이루고 있다. 아주 작은 온도 변화에도 별 모양의 눈송이는 모양을 바꿔 완전히 다른 형태로 성장한다. 돋보기로 자세하게 살펴보면 톱니 모양의 형태가 완전히 똑같은 것은 없다는 사실을 알 수 있다.

마지막으로 우박에 대해 알아보자. 우박은 얼음으로 이루어져

■ 우박은 주로 적란운에서 내린다.

있는데도 겨울이 아니라 전형적으로 습한 여름날에 내린다. 이때 심한 악천후를 동반하는 것이 보통이다. 여름에 나타나는 악천후 때마다 우박이 내리지는 않지만 악천후 없는 우박은 없다. 여름에 종종 진눈깨비가 내리기도 하는데, 진눈깨비는 우박이 되기 직전의 형태다. 우박이 되기 위해서는 먼저 진눈깨비가 만들어져야 한다. 우박은 대개 불투명한 진눈깨비의 핵을 여러 겹의 얼음층이 둘러싸고 있다. 우박은 따뜻하고 수분이 많은 공기가 대기의 높은 곳까지 빠르게 상승할 때 생겨난다. 우박에 대해서는 뇌우를 다루는 다음 장에서 더 자세하게 알아보자.

Chapter 11

날씨를 변덕쟁이로 만드는 뇌우

뇌우는 발생 원인에 따라 크게 기단뇌우氣團雷雨와 전선뇌우前線雷雨로 나뉜다(다른 전선 분류에서는 기단뇌우와 전선뇌우 외에, 발달한 저기압이나 태풍의 상승기류에 의해 발생하는 저기압성 뇌우(소용돌이 뇌우)를 추가하여 세 종류로 분류하기도 한다).

기단뇌우는 여름철에 뜨겁게 달구어진 지역에서 발생하여 '열뇌우'라 고도 하며, 국지적 양상을 띤다. 먼저 태양열을 받아 뜨겁게 달구어진 공기가 위로 솟구쳐 올라가 식으면서 적운이 만들어진다. 적운은 시간이 흐르면서 독립된 덩어리로 하나하나 층층이 쌓이고, 모루 모양의 거대한 구름산, 즉 뇌운이 된다. 특히 알프스와 같은 산악지역에서 형성된 뇌우세포(뇌운을 형성하는 각각의 구름 덩어리)들

■ 오전의 작은 적운 ■ 정오 무렵의 적운 ■ 모루 모양을 띤 오후의 뇌운

은 강풍을 동반한 소나기, 폭우, 심지어 한여름에 쏟아지는 우박의 원인이 되기도 한다. 산악지역의 뜨거운 암벽이 강력한 온난 상승기류를 발생시켜 구름 형성을 돕기 때문이다.

전선뇌우가 만들어지는 과정은 조금 다르다. 독일의 전선뇌우는 북서쪽에서 다가온 한랭전선과 남서쪽에서 몰려온 고온다습한 열대성 기단이 충돌하여 만들어진다. 때문에 몇 가지 징후를 관찰하면 전선뇌우가 발생할 것임을 몇 시간 전에 예측할 수 있다. 맑은 하늘, 낮은 습도, 따듯한 기온 등 오전에는 대체로 쾌적한 날씨를 보인다. 하지만 오후 들어 갑자기 그리고 눈에 두드러질 정도로 하늘이 흐려진다. 기온은 정오 무렵보다 그다지 높아지지 않지만, 현저하게 높아진 습도 탓에 무척 후텁지근해진다. 남쪽에서 몰려온 축축한 공기가 동쪽에서 불어와 며칠 동안 머물러 있던 건조하고 쾌적한 공기를 밀어내버렸기 때문이다. 변덕쟁이 날씨라는 말이 꼭

전선뇌우의 탄생

들어맞는 그런 날씨다.

성질이 서로 다른 기단이 충돌하는 곳에서는 위험천만한 기상 상황이 펼쳐지기 마련이다. 그리고 그 기단들의 온도 차이가 크면 클수록 더욱 심각한 악천후가 펼쳐진다. 온난전선과 한랭전선이 충돌하면 온난전선에 의해 흐름이 가로막힌 한랭전선의 차갑고 무거운 공기가 아래쪽으로 밀려 내려가고 온난전선의 따듯하고 가벼운 공기는 위로 올라가 흐른다. 이 과정에서 종종 극심한 난기류가 발생하기도 한다. 따듯한 공기와 부딪친 차가운 공기가 파마머리 모양으로 층층이 쌓여 따듯한 공기 아래로 돌진하면서 격렬하게 소용돌이치기 때문이다. 운항 중에 있는 비행기가 이런 난기류를 만나면 무려 1,500미터 아래로 떨어지기도 한다.

차가운 공기가 밀어올린 따듯한 공기도 응결되는 과정에서 격렬한 소용돌이를 일으키며 층층이 쌓여 기단뇌우의 뇌운보다 훨씬 더 거대한 구름산을 형성한다. 알프스와 같은 산악지역에서는 지표면으로부터 10~13킬로미터 떨어진 아주 높은 곳에서 뇌운의 전형적인 모습인 모루 모양이 나타난다. 온난전선의 고온다습한 공기는 위로 올라가면서 점점 차가워지다가 대류권의 상층부, 즉 지표면으로부터 13킬로미터 정도의 높이에 도달하면 더는 차가워지지 않는다. 영하 50도까지 내려갔던 온도는 성층권으로 접어들면서 오히려 올라가기 때문이다. 따라서 13킬로미터보다 높은 곳에서는 뇌운 형성이 억제된다. 뇌운이 대류권과 성층권의 경계 지점에서 집중적으로 형성되어 모루나 지붕처럼 옆으로 퍼진 모양을 띠게 되는 이유도 여기에 있다. 또한 대류권과 성층권의 경계 지점에서 형성된 뇌운은 아래에 있는 구름들보다 더 밝은 색을 띠게 되는데, 이는 뇌운 속의 물 알갱이들이 얼음 결정체로 응결되기 때문이다(적란운의 위쪽 가장자리가 권운의 성질을 띠는 것도 같은 이유 때문이다).

수증기 속의 열에너지는 수증기가 급속하게 냉각되는 과정에서 밖으로 떨어져 나온다. 떨어져 나온 열에너지의 일부는 운동에너지로 변환되어 공기의 이동을 재촉한다. 급속하게 냉각된 뇌운의 상층부에서도 차가운 공기가 빠른 속도로 떨어진다. 뇌운에서 발생한 돌풍이 몰아닥친 일대는 마치 빗자루로 마구 쓴 것처럼 참혹한 피해를 입는다.

아래로 향하는 돌풍과 함께 시속 300킬로미터가 넘는 엄청난 속도의 상승기류가 발생하기도 한다. 이 상승기류는 뇌운의 아래와 중간 부분에 있는 물방울들을 높은 곳으로 끌고 올라가 얼어붙게 만든다. 그리고 얼어붙은 얼음 알갱이들은 아래로 떨어져 내리다가 상승기류를 타고 다시 위로 솟구쳐 올라간다. 얼음 알갱이들은 매번 새로 올라갈 때마다 한 꺼풀씩 새로운 얼음 껍질을 입으며 점점 커진다. 이 과정이 반복되다가 얼음 알갱이들이 더는 상승기류를 타고 올라가지 못할 정도로 커지고 무거워지면 마침내 땅 위로 떨어진다.

얼음 알갱이들이 땅 위로 떨어졌을 때 원래 형태를 유지하는가는 떨어지기 직전 구름 속에서 어느 정도의 크기였는가에 달려 있다. 얼음 알갱이들이 그다지 크지 않았다면 떨어져 내리면서 점점 녹아 땅 위에 도달할 즈음에는 전형적인 뇌우의 빗방울 형태, 즉 사람이 비를 맞았을 때 아픔을 느낄 정도로 굵고 얼음처럼 차가운 형태가 된다. 만약 얼음 알갱이가 아주 큰 것이었다면 아랫부분의 따듯한 구름층들을 통과하면서도 부분적으로만 녹을 뿐 얼음 알갱이의 형태를 그대로 유지한다. 우박이 내리는 것이다. 둔탁한 소리를 내며 땅 위로 떨어지는 크고 작은 우박은 특히 농작물에 큰 피해를 준다.

1984년 7월 12일 뮌헨에 쏟아진 우박은 직접 경험했던 사람들에게 결코 잊을 수 없는 끔찍한 기억으로 남아 있다. 재앙은 저녁 8시가 조금 지난 시간에 시작되었다. 쏟아져 내리는 우박은 상상조차 할 수 없을 정도의 양이었다. 단 몇 분 만에 온 도시가 주먹만

한 크기의 얼음 공으로 뒤덮였다. 당시 측정된 것들 중 가장 큰 우박 덩어리는 지름 9.5센티미터에 무게가 300그램에 달했다. 우박뿐만 아니라 돌풍과 함께 쏟아진 1세제곱미터당 30리터나 되는 엄청난 폭우도 재앙을 보다 완벽한 것으로 만들었다. 단지 30분 동안에 일어난 일이라고는 믿기지 않을 정도로 황폐해진 도시는 참혹함 그 자체였다. 모든 거리가 얼음 덩어리로 뒤덮였는데, 그 두께는 자그마치 20센티미터에 달했고 다음 날이 되도록 완전히 녹지 않았다. 백여 명에 이르는 사람이 우박에 맞아 다쳤고, 그중에는 중상을 입은 사람도 있었다. 피해액은 무려 15억 마르크에 달했다.

천둥 번개를 몰고 다니는 비

뇌우의 가장 특징적이고도 인상적인 현상은 번개와 천둥이다. 어떻게 보면 뇌우에 관해서 이야기한다는 것은 악천후를 만들어내는 가장 극적인 요소 중의 하나인 공전空電(공기 속의 분자나 원자에 의해 일어나는 전기 현상으로 천둥을 수반하는 번개가 대표적이다. '공중전기'라고도 한다)에 관해서 이야기하는 것이라고도 할 수 있다.

공전 현상은 전기적 성질을 띠고 있는 미립자들, 즉 이온 때문에 발생한다. 이온은 전자가 과잉되어 있는지 혹은 결핍되어 있는지에 따라 음전하를 띤 음이온과 양전하를 띤 양이온으로 나뉜다. 뇌운 속에서 일어나는 얼음 결정체와 물방울의 이온화는 앞에서 언급한

번개의 종류

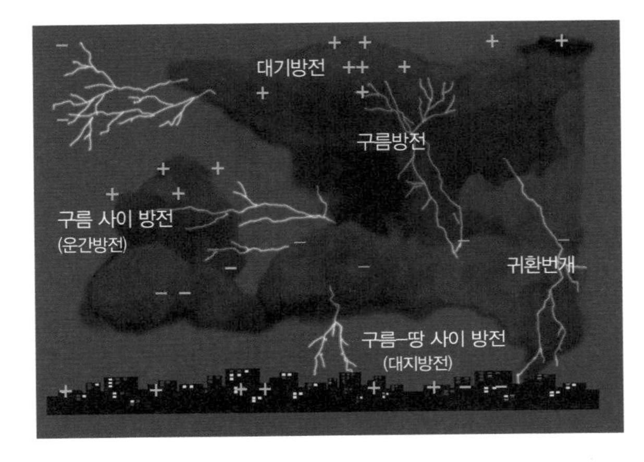

■ 양전하 영역과 음전하 영역 사이에서 발생하는 번개

적이 있는 싸라기눈 때문으로 추측된다.

싸라기눈에서 떨어져 나와 이리저리 빙글빙글 돌며 떠다니던 얼음 결정체와 물방울이 서로 마찰을 일으키고, 이때 얼음 결정체의 물 분자에서 떨어져 나온 전자가 물방울의 물 분자와 결합한다. 전자를 잃어버린 얼음 결정체는 양전하를, 그리고 전자를 얻은 물방울은 음전하를 띠게 된다. 그리고 상승기류와 중력의 영향으로 양전하를 띤 가벼운 얼음 결정체는 뇌운의 위쪽으로, 음전하를 띤 무거운 물방울은 뇌운의 아래쪽으로 모이면서 뇌운은 서로 다른 성질의 전하를 띤 두 개의 영역으로 나뉘게 된다.

서로 다른 성질의 전하를 띤 두 영역 사이에는 전기적 긴장 상태가 생겨나기 마련인데, 이 긴장 상태가 일정 정도를 넘어서면 두 영역 간의 전위차를 상쇄하기 위한 방전이 일어난다. 방전 현상이 하나의 구름 덩어리 내부에서 일어날 수도 있고(구름방전), 두 개의 구름 덩어리 사이에서 일어날 수도 있고(구름 사이 방전), 구름과 대지 사이에서 일어날 수도 있다(구름-땅 사이 방전).

지표면은 대체로 양전하의 성질을 띠고 있기 때문에 음전하를 띠고 있는 구름에서 번개가 내려치지만, 음전하의 성질을 띠는 일부 지표면에서 양전하를 띤 구름으로 올려 치는 번개도 있다(귀환번개). 또한 드물지만 구름과 공기 사이에서 방전이 일어나는 경우도 있다(대기방전).

번개는 이론상으로 거대한 전기 불꽃과 다르지 않다. 하지만 이렇게 간단한 몇 마디의 말로 번개에 관해 설명하는 것은 충분하지도 적절하지도 않다. 번개 현상은 지금까지도 여전히 수수께끼투성이로 남아 있다. 어떻게 뇌운이 전기적 성질을 띠게 되는지, 어떻게 번개가 발생하는지에 대해 정확하고도 구체적인 그리고 무엇보다도 이견이 없는 이론은 아직까지 존재하지 않는다. 뿐만 아니라 어떻게 번개가 공기 속을 몇 킬로미터나 뻗어 나갈 수 있는지에 대해서도 제대로 설명하지 못하고 있다.

단지 명확하게 말할 수 있는 것은 우리가 문고리나 자동차 문을 잡으려고 할 때 손을 찌릿하게 만드는 것과 마찬가지로 번개도 방전에 의한 불꽃이라는 점, 번개가 치기 전에 번개가 지나갈 통로 혹은 번개를 이끄는 통로가 미리 만들어진다는 점, 그리고 이 통로의 공기가 이온화된다는 점 등이다. 공기들이 이온화되어 있는 곳에서는 전하가 아주 멀리까지 이동할 수 있는데 흥미로운 것은 공기가 이온화되는 이 뜨거운 통로는 균일한 과정을 거쳐 만들어지지 않고 단계적으로 만들어진다는 점이다. 하지만 어떻게 이런 현상들이 일어나는지는 여전히 의문으로 남아 있다.

기상 현상에 관해 250년 동안 연구했는데도 번개에 관한 우리의 지식은 아직도 불완전하다. 피뢰침을 발명한 미국의 과학자 벤저민 프랭클린*Benjamin Franklin*(1706~1790)이 1752년에 연날리기 실험(전기가 잘 통하는 젖은 삼베 끈을 연줄로 삼아 번개 구름을 향해 연을 띄워 올린 실험. 연줄 끝에 명주 리본으로 열쇠고리를 매달고, 이를 유리병의 쇠 마개에 대어 충전에 성공함으로써 번개가 전기라는 사실을 증명했다)을 통해 번개에 관한 수수께끼를 풀었다는 말은 적절하지 않다. 프랭클린은 번개가 공기 중에서 일어나는 전기 현상이라는 것을 인식하고 또 증명했지만 그 역시 번개가 어떻게 발생하는지에 대해서는 알아내지 못했다.

가장 최근에 발표된 연구 결과와 이론을 종합해보면, 비록 불완전하게나마 번개에 관해 다음과 같은 그림이 그려진다. 여러 연구자의 주장에 따르면 성질이 다른 양전하 영역과 음전하 영역 사이의 긴장도가 일정 수준을 넘어서는 것만으로는 번개가 발생하지 않는다. 우주 공간에서 뻗어 나와 지속적으로 지구의 대기권에 부딪히는 '우주 방사선*cosmic rays*'('우주 복사선'이라고도 한다. 천체가 폭발할 때 만들어지는 것으로 추측되며, 강한 에너지를 가진 다양한 종류의 미립자로 구성되어 있다. 주성분은 양성자이다) 역시 번개 발생에 중요한 영향을 미친다.

예컨대 우주 방사선에 포함되어 우주 공간으로부터 빠른 속도로 날아온 양성자(수소의 원자핵에 해당하는 것) 하나가 대기권 상층부의 질소나 산소 같은 공기 분자와 충돌하면 강한 에너지를 지닌 엄청난 양의 미립자가 마치 소나기처럼 방출된다. 이 속에는 전자들도 포함되어 있는데 역시 높은 에너지를 지닌 이 전자들 중의 하나가 뇌운의 공기 분자와 충돌하게 되고 이 충돌로부터 다시 강한 에너지를 지닌 전자들이 방출된다. 이렇게 방출된 전자가 다시 뇌운 속의 다른 공기 분자와 충돌하여 또 다른 전자들이 방출되는 연쇄 반응이 일어난다.

성질이 다른 두 전하 영역 사이에서 만들어진 전기장 또한 전자의 방출을 가속화한다. 전자의 운동 속도는 점점 빨라지고 양도 더 빠른 속도로 불어나 마침내 폭발적인 전자 방출이 일어난다. 전자의 폭발적인 방출로 공기 분자들이 이온화되면서 앞서 언급한 번개의 통로 혹은 번개 길이 단계적으로 만들어진다. 그리고 공기가 이온화되어 이동이 쉬워진 이 통로를 통해 뇌운의 음전하가 양전하를 띠고 있는 지표면을 향해 길을 나서면 전기 합선 현상이 일어난 것처럼 전류가 흐르게 된다. 이 과정은 여러 갈래로 가지를 쳐 나가기도 하는 번개의 길이 건물이나 나무 꼭대기에 도달할 때까지 계속

된다. 한편 전류의 흐름으로 번개 길의 공기들은 순간적으로 태양 표면의 온도보다 다섯 배나 높은 섭씨 3만 도 이상으로 가열되어 눈부시게 푸르고 흰 빛을 발하며 100만분의 1초보다 더 짧은 순간에 우리가 천둥이라고 부르는 엄청난 소리와 함께 폭발적인 양상으로 팽창한다.

1초에 30만 킬로미터를 뻗어 나가는 빛과 비교하면 소리의 속도는 초속 330미터로 아주 느리다. 번개와 천둥의 이 같은 속도 차이를 이용하면 낙뢰 지점이 우리가 있는 곳에서 얼마나 멀리 떨어진 곳인지 쉽게 계산할 수 있다. 번개와 천둥 사이에 지체된 시간을 초 단위로 계산하여 3으로 나눈 다음 그 수를 킬로미터 단위로 읽으면, 지금 우리가 서 있는 곳과 낙뢰 지점 사이의 대략적인 거리가 된다.

예를 들어 번개가 치고 난 후 6초 뒤에 천둥소리가 들렸다면 낙뢰 지점은 우리가 서 있는 곳에서 약 2킬로미터 떨어진 곳이 된다. 하지만 번개 자체의 길이가 약 1~2킬로미터에 이르기 때문에 번개 윗부분과 아랫부분에서 발생한 천둥소리들 또한 시차를 두고 우리 귀에 들려올 수밖에 없다. 그래서 무엇인가가 여기저기서 무너지는 것 같은 천둥의 전형적인 소리가 만들어지는 것이다. 번개 길의 가지 부분에서 일어나는 공기의 팽창까지 더해지면 천둥소리의 이런 성격은 더욱 더 강해진다.

번개를 피하는 방법

지구 대기권에서는 매일 약 400만 개의 번개가 친다. 그중에서 지표면으로 내려오는 번개는 약 4만 5,000개 정도밖에 안 된다. 하지만 지표면을 내려치는 번개로 숲과 초원이 불타기도 하고, 건물이 파손되기도 하고, 사람과 짐승이 죽기도 한다. 특히 평평한 들판에 홀로 서 있는 건물은 번개 맞을 확률이 높아 매우 위험하다.

번개는 언제나 가장 빠른 길, 다시 말해서 전기적 저항이 가장

우리나라의 우박과 번개

뇌우는 낙뢰를 동반한 비를 가리키며 대기가 불안정하여 생기는 적란운 또는 거대 적운에서 잘 발생한다. 우리나라에서는 주로 여름철에, 특히 내륙 지방에서 자주 일어나고 우박을 동반하는 경우도 있다. 우리나라에서 관측된 우박은 주로 1센티미터 미만이지만 그 이상 되는 것도 있다. 한겨울보다는 얼음과 물이 공존하는 초겨울, 가을, 봄에 많이 발생하고 여름에는 뇌우가 발생했을 때 종종 내리기도 한다. 1970년부터 2010년까지 31년 동안 우박이 관측된 총횟수는 1,028회로 연평균 약 30회 정도이고, 2006년 4월 18일 백령도에 내린 직경 5센티미터의 우박이 가장 큰 크기였다. 우박은 주로 우리나라 농산물에 큰 피해를 입힌다. 2010년에는 우박에 의한 재해보험 지급액이 77억 원으로 집계되었으니 그 피해 정도를 쉽게 짐작할 수 있다.

번개 중에서 구름과 땅 사이의 방전으로 발생하는 것을 '낙뢰'라고 한다. 낙뢰는 대기가 불안정할 때, 특히 여름철에 가장 많이 발생하고 사상자가 생기는 경우도 많아 특별한 주의가 필요하다. 우리나라에는 연평균 약 60만 회의 낙뢰가 발생하고, 이 중 약 40만 회 이상이 여름철에 발생한다. 하루 동안 발생한 낙뢰로는 2007년 7월 29일에 관측된 약 6만 3,000회가 최다 기록이다.

적은 길을 찾아가기 때문에 평평한 곳에 홀로 높이 솟아 있는 건물이나 나무, 철탑 등에 주로 내려친다. 따라서 뇌우가 몰아칠 때는 높이 솟아 있는 물체 근처는 피하는 것이 안전하다. 더욱이 천둥, 번개가 치는 날 수영을 한다든가 요트를 타는 행위는 자신의 생명을 스스로 위협하는 것이나 마찬가지이다. 수영하는 사람의 머리나 요트의 돛대가 뇌운의 아랫부분과 수면 사이의 전기적 저항을 약화시켜 번개를 끌어당기는 역할을 하기 때문이다.

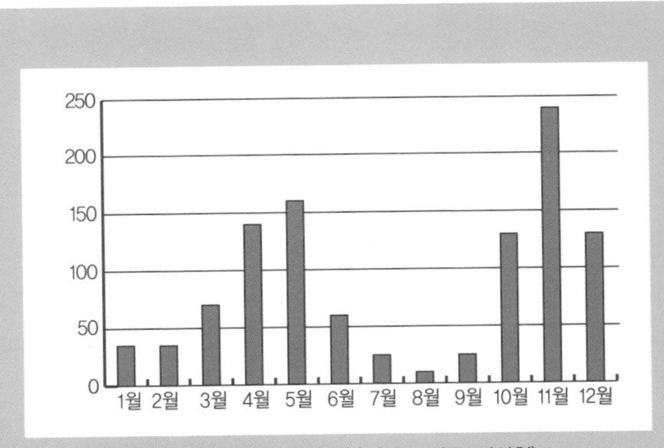

■ 지난 31년간 관측된 월별 우박 일수 (자료 제공: 기상청)

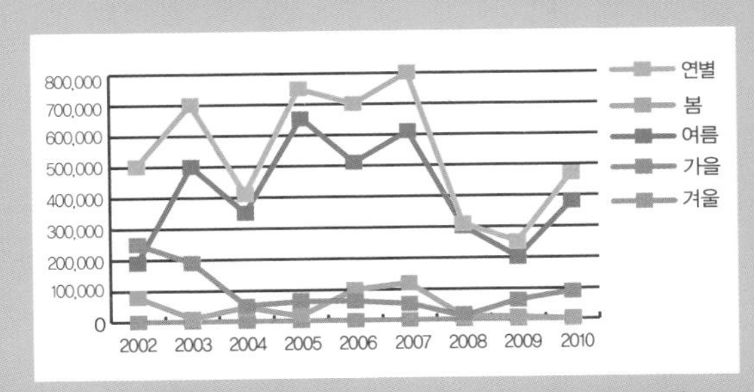

■ 2002년~2010년까지 계절별 낙뢰 관측 횟수 (자료 제공: 기상청)

그럼 뇌우가 몰아칠 때 어떻게 하는 게 안전할까? 높은 물체로 둘러싸여 있는 건물은 번개를 피할 수 있는 가장 좋은 장소이다. 자동차 안 역시 번개로부터 우리를 지킬 수 있는 좋은 장소 중 하나인데, 자동차의 철제 차체가 이른바 패러데이의 새장*Faraday cage*(1836년 영국의 과학자 마이클 패러데이*Michael Faraday*가 발명한 외부의 정전기장을 차단하는 구조물. 외부 정전기장과 접촉하더라도 새장을 이루고 있는 도체 속의 전하가 재배치됨으로써 정전기장의 영향이 새장 내부에는 미치지 않아 새장 속의 새는 안전할 수 있다)처럼 작용해 번개가 자동차 내부로 들어오지 못하게 만들기 때문이다.

뇌우가 몰아칠 때의 등산 역시 무척 위험하다. 불가피하게 산에서 뇌우를 만났다면 산꼭대기나 산등성이 쪽으로 올라가서는 안 된다. 암벽에 기대 서 있는 것도 반드시 피해야 할 행동 중의 하나이다. 주위에 아무것도 없는 들판에서 뇌우를 만났다면 쪼그려 앉아 몸을 웅크리고 있어야 한다. 이때 땅바닥에 드러누워서는 절대 안 된다. 땅바닥과 접촉하는 신체 부위의 면적이 넓으면 넓을수록 더욱 위험해지기 때문이다. 우리 몸이 땅바닥에 닿으면 일시적으로 땅바닥과 몸 사이에 전기장이 만들어지는데 이때 전기장이 넓게 형성되어 우리 몸이 번개와 땅바닥을 잇는 다리 역할이라도 하게 된다면 결국 강력한 전류가 우리 몸 전체를 관통하는 사태가 벌어질 수도 있다.

위에서 언급한 원칙들을 지키기만 한다면 번개를 두려워할 이유는 그다지 없다. 직접 사람 몸으로 번개가 내려치는 경우는 극히 드물며 그런 불행이 발생하는 곳 역시 대체로 탁 트인 들판과 같은 야외로 한정되기 때문이다.

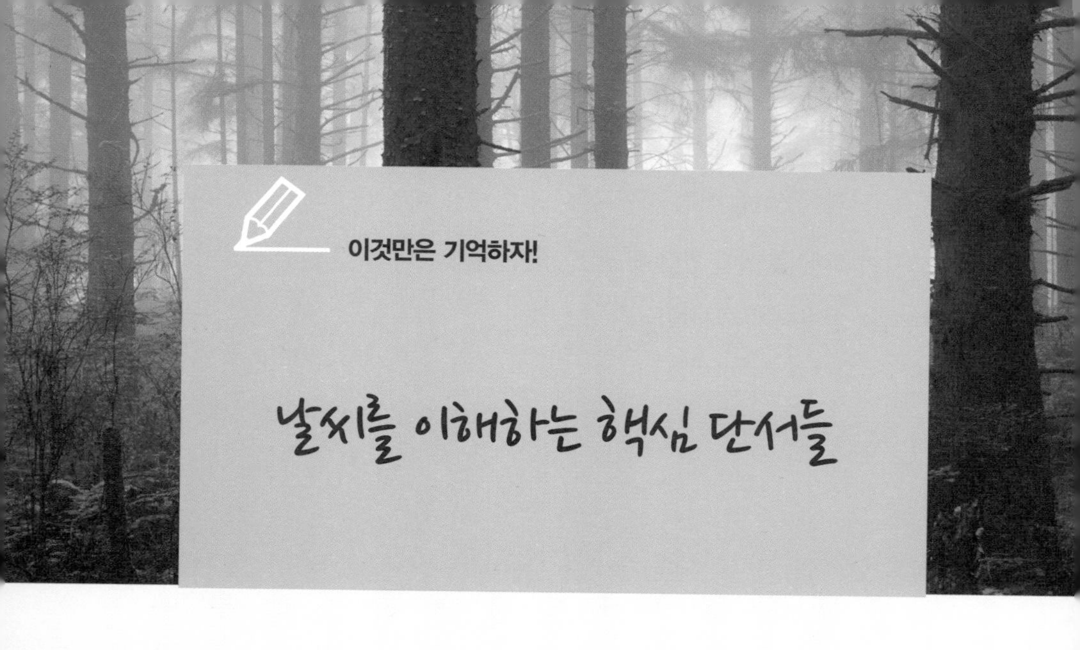

이것만은 기억하자!

날씨를 이해하는 핵심 단서들

이제 날씨에 관해 꽤 많은 것을 익혔고, 어느 정도 기상 현상의 기본 원리를 이해할 수 있게 되었다. 하지만 이 말은 대기권에서 일어나는 기상 현상을 완전하게 이해한다는 것이 얼마나 어려운 일인가를 알게 되었다는 의미이기도 하다. 모든 것이 무한한 변화 속에 던져져 있는 그곳에서는 측정하고 관찰해야 할 것 또한 무한하다. 지금 이 순간 내 눈앞에 펼쳐졌던 이것이 눈 깜박할 사이에 이것이 아닌 저것, 그러니까 완전히 다른 그 무엇으로 변해버린다.

중요한 것은 우리의 일상생활과 밀접한 날씨 현상을 이해하려고 노력했다는 사실이다. 나름대로 꽤 적절해 보이는 이론적 뼈대를 획득하기도 했고, 기상 현상을 구성하는 각 부분들에 대한 그럴듯한 설명을 찾아내기도 했다. 그러나 그 뼈대와 각 부분들, 그리고 각 부분과 부분을 연결하는 전체적인 시각이 우리에게는 여전히 부족하다. 기상 현상에 관한 하나의 확고한 지식체계를 갖추고 싶은 사람이 있다면 이 책을 넘어 기상학에 관한 전문지식을 습득해야 할 것이다.

그렇다고 기상학이 기상 현상에 관해 모든 것을 알려줄 수 있는 것은 아니다. 기상학자들 스스로도 알고 있듯이 오늘날의 기상학은 여전히 불완전하며 앞으로도 당분간 이런 상태가 지속될 것이다. 그 이유는 아주 간단하다. 날씨란 오늘날 우리가 합리적이라고 믿고 있는 분석틀로는 결코 이해하기 어려운 하나의 거대한 그리고 역동적인 흐름이기 때문이다. 기상 현상을 전체적인 시각 속에서 바라본다는 말은 기상 현상을 구성하는 각 부분들을 기계적으로 혹은 산술적으로 조합하는 것을 의미하지는 않는다. 기상 현상의 각 부분들을 하나하나 따로 떼어 연구한 누군가가 있다면 그는 아마도 각 부분들에 관해서는 꽤 만족할 만한 이해를 얻었을 수도 있다. 하지만 그는 혼돈으로 가득 찬 그리고 살아 꿈틀거리는 기상 현상의 참 모습은 결코 볼 수 없을 것이다.

이제 지금까지 기상 현상에 대해 다루었던 내용을 순서대로 되짚어보자. 기상 현상을 만들어내는 요소는 무엇인가? 그렇다. 공기야말로 기상 현상을 만들어내는 가장 중요한 요소다. 대부분 기상 현상은 전체 대기의 80퍼센트가 몰려 있는 대류권에서 일어난다. 지구를 껍질처럼 둘러싸고 있는 대류권의 공기 역시 무게를 가지고 있기 때문에 당연히 지구 표면은 공기로부터 압력을 받는다. 하지만 지구 표면에 가해지는 기압이 지표면 어디서나 동일한 것은 아니다. 해수면에 가해지는 기압은 해수면보다 높은 육지에 가해지는 기압보다 높다.

모든 기상 현상의 중심 엔진은 태양이다. 태양으로부터 뻗어 나온 광선은 지구 대기권에 부딪혀 대기 상태를 변화시킨다. 물론 대기권의 공기가 거꾸로 태양광선에 영향을 미치기도 한다. 지구를 향해 날아온 햇빛의 일부만이 지표면에 도달하고 나머지는 대기권의 공기에 부딪혀 우주 공간으로 되돌아가기 때문이다.

지구의 표면 역시 날씨에 영향을 끼친다. 지표면에 도달한 햇빛으로부터 육지와 바다는 태양열을 흡수한다. 물론 그 방식과 속도가 동일하지는 않다. 육지의 암석은 햇빛의 온기를 빠르게 받아들이지만 밤이 되어 그 온기를 내놓는 속도는 받아들일 때만큼 빠르지는 않다. 이에 반해 바닷물은 태양열을 흡수하는 속도도 그리고 방출하는 속도도 모두 느리다. 태양열을 흡수한 땅 덩어리는 거대한 열판이 되어 공기를 데우고, 데워진 공기는 위로 솟구쳐 올라간다. 바다 위의 공기 역시 바다가 흡수한 태양열로 데워져 위로 올라간다. 이렇게 상승한 공기가 연평균 태양열 흡수량이 가장 높은 적도 부근의 무역풍을 출발점으로 하는 거대한 대기 순환의 원인이 되는 것이다.

위도가 높은 남반구와 북반구 지역에서는 계절의 변화가 생겨난다. 이는 태양의 주위를 공전하는 지구의 자전축이 기울어져 있기 때문인데, 특히 남반구와 북반구의 중간 지역에서 계절의 변화가 더욱 뚜렷하게 일어난다.

70퍼센트가 물로 덮여 있는 지구의 기상 상태에 바다가 미치는 영향력은 무척 클 수밖에 없다. 우리는 5장에서 바다와 날씨의 관계를 다루며 특히 해륙풍의 발생에 관해 알아보았다. 그리고 해륙풍은 단지 해안지역에서만 발생하는 것이 아니라 동아시아의 계절풍처럼 광범위한 지역에 걸쳐 나타나기도 한다는 사실도 확인했다.

이어진 장에서는 고기압과 저기압이 어떻게 발생하고 또 변하는지, 차가운 공기와 따듯한 공기가 충돌하는 전선 형성에 고기압과 저기압이 어떻게 작용하는지 등에 관해서 알아보았다. 그리고 중앙유럽에 비가 많이 내리고 자주 강풍이 부는 까닭이 기압의 변화와 관련되어 있다는 사실도 확인했다.

공기 속에 수분이 없다면 흥미진진하기 짝이 없는 기상 변화는 일어나기 어려울 것이다. 그리고 구름이 없다면? 상황은 역시 마찬가지일 것이다. 구름의 도움 없이 날씨가 우리들에게 시시각각 변하는 자신의 변화무쌍함을 자랑하기란 쉽지 않을 것이다.

지금까지 날씨에 대해 살펴본 내용들은 분명 기상학에 속하는 것들이다. 하지만 기상학이라는 용어가 지닌 본질적인 의미를 엄격하게 적용한다면 지금껏 살펴본 것들은 기상학에 속한다기보다는 빛, 기온, 기압, 습도, 유체역학, 에너지 변환, 중력, 전기 현상, 음향과 같은 물리학의 특정 분야에 속하는 것들이라고 보는 것이 더 타당할 것이다. 예를 들어 설명해보자.

물리학은 지붕에서 떨어지는 기와가 어떤 속도로 땅바닥에 떨어질 것인지를 알려준다. 그리고 바로 그 순간에 지붕 밑을 지나던 사람의 머리위로 기와가 떨어진다면 그 사람의 머리에 구멍이 생길 것이라는 사실도 알려줄 수 있다. 그러나 물리학은 왜 하필이면 그 기와가 그 순간에 지붕으로부터 떨어져 나오게 되었는지, 그리고 그 불행한 사람이 왜 하필이면 그 지붕 밑을 지나갔어야만 했는지에 관해서는 아무런 설명도 해주지 않는다. 과연 누가 알 수 있단 말인가?

이처럼 정확하게 대답하는 게 거의 불가능한 질문을 다루는 학문이 바로 기상학이다. 그리고 기상과 관련하여 대답이 불가능해 보이는 질문의 답을 찾아내려고 시도하는 사람들이 바로 기상학자이다. 따라서 그들은 기본적으로 우연을 연구하는 사람들이다. 그들의 작업이 수많은 난관에 봉착할 수밖에 없는 까닭이 여기에 있다.

기상학이 다루는 문제들에 답하기 위해서는 대기의 물리적 운동 법칙에 관한 지식만으로는 충분하지 않다. 기상 현상과 관련하여 물리학 지식이 수많은 자료를 제공해주는 것은 사실이다. 그리고 기상학자들은 이 방대한 자료들을 하나하나 끼워 맞춰 기상이라는 분자의 구조를 만들어내려고 시도한다. 하지만 어떤 의미에서 기상학자들의 이런 시도는 어떤 우스꽝스러운 생화학자가 탄소, 수소, 산소 따위의 원소로 아미노산과 같은 생체분자를 만들려고 시도하는 것에 비유될 수 있다. 비록 생명체가 원소로 구성되어 있기는 하지만 그렇다고 해서 생화학자가 그 원소들로 생명을 만들어낼 수는 없는 법이다.

마찬가지로 비록 대기의 물리적 운동에 관한 방대한 자료를 가지고 있다 하더라도 끊임없이 변하며 살아 꿈틀대는 기상 현상 중에서 과연 어떤 것이, 언제, 어디서 또 어떤 양상으로 일어나게 될 것인지에 관한 대답을 찾아내려는 기상학자들의 시도 역시 허황되어 보이는 것이 사실이다. 하지만 불가능해 보이는 바로 이 일이야말로 기상학자들에게 부여된 궁극적인 임무이자 목표이다. 그렇다. 기상학의 가장 내밀한 욕망은 미래를 예견하는 것이다. 그들 스스로가 말하듯이 기상학자들은 우리 시대의 마지막 예언자인지도 모른다.

2부
기후변화와
지구의 미래

지구에서 펼쳐지고 있는 모든 기후변화는 그 어떤 성능 좋은 컴퓨터로도 재현할 수 없는 얽히고설킨 상호작용 속에 일어나고 발전한다. 어떤 것들은 변화의 폭을 넓히고 어떤 것들은 넓혀진 폭을 다시 좁힌다. 그렇다고 해서 지구의 기후 체계가 변화의 강약이라는 단순한 회로만으로 작동되는 것 또한 아니다. 수없이 다양한 회로 속에서 극히 사소해 보이는 하나하나까지 서로 엉켜 상호작용을 일으킨다.

Chapter 12

미래를 예측하려는 도전, 기상학

지금 날씨가 어떤지 알아보기 위해서 뭔가 특별히 어려운 과정을 거칠 필요는 없다. 단지 창가로 다가가 창밖의 하늘과 땅 사이에서 무슨 일이 벌어지고 있는지 내다보기만 하면 된다. 하지만 지금 날씨가 왜 이런지, 어떻게 이렇게 되었는지 설명하기란 쉬운 일이 아니다. 적어도 우리가 이 책에서 이야기한 정도의 지식은 습득하고 있어야 가능하다. 그러나 날씨를 이해하려는 우리의 최종 목표는 지금 날씨가 어떤지 그리고 왜 이렇게 되었는지를 설명하는 것이 아니라 앞으로 기상 상태가 어떻게 변할 것인지를 예측하는 것이다.

물론 기상 현상에는 상상할 수 없을 정도로 수많은 요소가 관여하며 복잡하기 짝이 없는 상관관계 속에서 유기적으로 얽혀 있기 때문에 기상 상태를 예측한다는 것은 거의 요행을 바라는 행위에 가깝다.

오늘날 세계 전역에는 촘촘하게 기상 관측소들이 세워져 있고, 우주 공간에는 많은 기상위성이 지구 주위를 돌고 있으며, 바다 위에는 다양한 해양 기상 요소를 스스로 관측하는 최첨단 무인 로봇 부표들이 떠 있다. 뿐만 아니라 정밀한 계산으로 다가올 기상 변화를 미리 보여주는 컴퓨터 시뮬레이션까지 사용되고 있다. 그런데도 사흘 혹은 나흘 뒤의 기상에 대한 정확한 예보는 거의 불가능하며, 그 뒷날의 기상에 관해서는 완전히 침묵할 수밖에 없는 실정이다. 특히 기상 상태가 수시로 격변하는 중위도 지역에서는 더욱 심각하다. 반면 기상 상태가 대체로 일정한 사하라 같은 곳에서의 기상예보는 상대적으로 손쉬운 편이다.

날씨 변화가 극심한 중위도 지역에서는 광범위한 지역에 걸쳐 기상예보가 이루어질 수밖에 없다. 구체적인 지역에서 전개될 기상 상태의 세부적인 양상과 정확한 발생 시간에 대한 예측은 거의 불가능하다. 예컨대 중앙유럽의 이틀이나 사흘 뒤 날씨에 관해서는 꽤 정확하게 예측할 수 있지만, 뮌헨이나 베를린의 기상 상태가 내일 정오에 어떻게 될지 예측하기란 극히 어렵다. 베를린 같이 큰 도시에서는 같은 도시 안에서조차 기상 상태가 다른 경우도 많다. 예를 들어 여름 어느 날 도시의 한 지역을 사나운 뇌우가 휩쓸고 갔지만, 같은 도시의 다른 지역들은 전과 다름없이 쾌청한 날씨가 이어지기도 한다.

이런 문제들이 발생하는 까닭은 기상 현상이 극도로 역동적이기 때문이다. 관측과 예측 과정에서 발생한 오류가 아주 미세한 것이라 할지라도 시간이 경과하면 할수록 예측과는 전혀 다른 기상 상태가 전개될 수도 있다. 이는 결국 치명적인 실패로 이어지게 된다. 기상 변화를 예측하는 컴퓨터 시뮬레이션이라는 것도 결국은 사람이 입력하는 데이터의 정확도만큼만 정확할 수 있을 뿐이다. 오늘날 세계 여러 나라에서 사용하고 있는 최첨단 슈퍼컴퓨터 역시 일정 시점 뒤의 기상 상태에 대한 예측은 그 정확도가 급격히 떨어져 거의 무용지물로 전락하고 만다. 이 모든 사실이 우리에게 보여

■ 인공위성에서 바라본 지구의 모습

주는 것은 기상 현상은 산술적이고 기계적인 계량만으로는 결코 이해할 수 없다는 점이다.

전 세계는 기상예보의 정확도를 높이기 위해서 우주 공간으로 새로운 기상위성을 계속 올려 보내고 있다. 오늘날 기상예보에 이용되는 정보의 90퍼센트 이상이 위성이 전송한 것이다(위성이 보낸 자료에는 오차가 있어실제 활용되는 자료는 90퍼센트보다 훨씬 적다). 기상위성은 정지 기상위성과 극궤도 기상위성으로 나뉜다. 정지 기상위성은 지구의 적도 부근 고도 3만 6,000킬로미터에 고정되어 지구와 함께 돌고 있다. 정지 기상위성이 보내오는 사진은 그다지 선명하지 않다. 지구로부터 너무 멀리 떨어져 있기 때문이다. 또한 정지 기상위성은 특정한 지점에 고정된 채 지구와 함께 돌고 있기 때문에 언제나 지구의 한 지점만을 바라볼 수 있을 뿐이다. 그래서 정지 기상위성으로는 극지방의 기상 상태를 거의 알 수 없을 뿐만 아니라 세부적인 기상 상태의 변화라든가 전 세계의 기온 분포 그리고 대기권의 습도 등도 알 수가 없다.

이 모든 것을 가능하게 한 것이 극궤도 기상위성이다. 극궤도 기상위성은 남북으로 대략 지구의 자오선을 따라 돈다. 이 위성은 극지방 상공을 운행하고, 고도 또한 지표면에서 불과 835킬로미터밖에 되지 않아 기상예보에 중요한 역할을 한다.

나비의 날갯짓이 돌풍을 일으킨다

최첨단 과학기술이 기상 관측에 활용되고 있지만 바로 다음 날의 기상예보도 결국은 아마도 그럴 것이라는 가능성 제시 수준에서 벗어나지 못한다. 그리고 이런 상황은 앞으로도 지속될 수밖에 없다. 문제의 근본 원인은 1960년 기상학자 에드워드 로렌츠*Edward Norton Lorenz*(1917~2008)가 컴퓨터 시뮬레이션을 이용해 기상 패턴을 연구하던 중에 우연히 밝혀냈다. 그는 별 영향을 끼치지 않으리라 생각하고 소수점 셋째 자리 이하를 반올림해서 입력했다. 하지만 그 결과 컴퓨터 시뮬레이션은 예측했던 것과는 판이하게 다른 기상 상태를 보여주었다. 이 현상은 이후 '나비 효과*butterfly effect*'라는 말로 세상에 널리 알려졌고, 많은 학자가 그의 '카오스 이론*chaos theory*'을 받아들였다.

보이지 않는 아주 미세한 영향으로도 예측과는 전혀 다른 결과가 만들어질 수 있으며 그 불확실성은 시간이 흐름에 따라 더욱 커진다. 한 시간 뒤에 두 배가 되었던 불확실성은 두 시간 뒤에는 네 배가 되고 또 세 시간 뒤에는 여덟 배가 된다. 중국에서 나비 한 마리가 날갯짓을 한다. 그리고 이 날갯짓으로 미국에서는 돌풍이 몰아닥친다. 에드워드 로렌츠에 의하면 기상 현상은 이러한 불확실성과 함께 역설적이게도 반복성이라고 말할 수 있는 어떤 일정한 패턴 또한 지니고 있다. 날씨는 기본적으로 카오스적이다. 하지만 그 카오스 속에는 분명 질서의 흔적도 들어 있는 것이다.

20세기 초까지만 하더라도 기상학자들의 마음은 대기권에서 벌어지는 여러 기상 현상을 수학 방정식으로 표현하려는 열망으로 가득 차 있었다. 물론 그들의 열망은 실현되지 않았다. 열망은 조금씩 포기되었고, 열망의 빈자리는 카오스 이론이 채웠다. 일상생활에서 쉽게 만날 수 있는 한 가지 예를 들어보자.

유럽에 살고 있는 한 사나이가 미국으로 여행을 떠난다. 여행을 앞둔 사람들이 대개 그렇듯이, 사나이는 집을 나서려는 순간 긴장과 설렘이 몰려와 화장실로 달려간다. 그 때문에 사나이는 예정보다 1분 늦게 집에서 나온다. 그리고 버스 정류장에 도착했을 때 기차역으로 데려다 줄 버스가 바로 눈앞에서 떠나버린다. 다음 버스는 10분 뒤에 있다. 10분 뒤에 도착한 버스를 타고 기차역으로 향한 사나이는 예정보다 10분 늦게 도착한다. 이번에는 사나이를 공항으로 데려다 줄 기차가 그의 눈앞에서 떠나버리고 만다. 다음 기차는 한 시간 뒤에 있다. 예정보다 한 시간 늦게 공항에 도착한 사나이는 이제 창밖으로 자신이 타려고 했던 비행기가 이륙하는 모습을 바라보고 있다. 미국으로 가는 다음 비행기는 하루 뒤에나 있다.

도착 시간이 하루나 지체된 원인이 집에서 딱 1분 늦게 나선 것이다. 1분이라는 아주 짧은 지체 시간이 여러 종류의 교통수단이 얽혀 있는 네트워크 속에서 하루라는 엄청난 시간으로 불어난 것이다. 물론 모든 요소의 인과적 결합이 똑같은 절대 수치를 바탕으로 하고 있었다면 집에서 1분 늦게 출발한 사나이의 미국 도착 역시

1분만 지체되었을 것이다. 하지만 인생이란 결코 수학 규칙처럼 움직이지 않는다.

날씨도 마찬가지다. 그래서 사람들은 인생을 비유적으로 표현할 때 혼란스럽기 짝이 없지만 또 어찌 보면 뭔가 질서가 잡혀 있는 듯도 보이는 날씨를 떠올리지 않는가?

사실 카오스 이론도 하나의 이론이며 하나의 견해일 뿐이다. 오래전부터 카오스 이론에 반대하는 견해가 있었고, 심지어 카오스 이론이란 하나의 신화일 뿐이며 과학적인 것처럼 보이는 신앙에 불과하다고 말하는 과학자들도 있다. 실제로 2주 뒤 어떤 곳에서 돌풍이 발생할 것인지 아닌지가 한 마리 나비의 날갯짓으로 결정되는 경우는 결코 없다. 지구 위의 모든 나비 혹은 곤충을 갑자기 없애버린다고 해서 지구의 기상 상태가 갑자기 바뀌는 것은 아니다. 적어도 기상학자들이 다음 2주 동안의 날씨를 정확하게 예보하지 못하게 방해하는 요인이 한 마리 나비의 날갯짓이 될 수 없다는 사실만은 확실하다.

기상 현상이 보여주는 혼돈 상태가 절대적인 것도 아니며, 기상예보가 완전히 불가능한 것도 아니다. 기상학자가 아닌 사람들도 하늘을 올려다보고 날씨가 어떻게 변할지 어느 정도는 알지 않는가? 기상학자들이 해온 지난 10년간의 연구는, 비록 기상예보용 컴퓨터 시뮬레이션을 이용하는 초기 단계에 어떤 오류가 있다 할지라도 그 오류가 로렌츠가 주장한 방식대로 전개되는 것은 아니라는 사실을 잘 보여준다. 이틀 정도의 짧은 기간에 대한 기상 예측에서는 눈에 두드러질 만큼의 문제가 발생하지 않으며, 발생한 문제 역시 예측과 판이하게 다른 폭발적인 양상을 띠지 않는다.

혼돈 속에도 질서가 있다

나비 효과는 반박되었고 로렌츠가 자신의 이론을 전개하면서 간과했던 오스트리아의 물리학자 루트비히 볼츠만*Ludwig Eduard Boltzmann*(1844~1906)의 통계역학이 주목받기 시작했다. 통계역학과 관련된 예 하나를 들어보자.

완전히 밀폐된 진공 상태의 병 속에 네 개 혹은 다섯 개 정도의 기체 분자를 집어넣는다. 이 분자들은 벽면에 부딪히기도 하고 서로 충돌하기도 하면서 상호작용을 일으킨다. 이 상호작용을 통해 하나의 역학적 시스템이 형성된다. 이 자그마한 역학적 시스템 속에서 앞으로 어떤 일이 일어날 것인지에 대한 예측은 로렌츠가 이야기한 대로 거의 불가능하다. 각각의 분자가 어떤 경로로 움직일지 또 언제 무엇과 충돌할지 등등 그 어느 것 하나 확정할 수 없기 때문이다.

이제 정상적인 기압을 가진 1리터 용량의 다른 병 안에 1,026개의 기체 분자를 집어넣는다. 누군가 우리에게 이 병 안의 미립자들이 각각 어떤 경로로 움직일지 또 언제 무엇과 충돌할지 예측할 수 있냐고 물어본다면 아무런 고민 없이 즉시 불가능하다고 대답할 것이다. 그 대답은 당연하게도 옳다. 고작 네댓 개의 분자로도 불가능했던 것이 이토록 많은 분자를 대상으로 어떻게 가능하겠는가?

하지만 병 속의 기체 분자 하나하나를 대상으로 하는 것이 아니라 병 속의 기체 분자 하나하나가 모여 만든 기체 덩어리 하나를 대상으로 한다면 이야기는 달라진다. 병 속의 기체 덩어리의 밀도가 어떻게 변할지, 기압과 온도는 어떻게 달라질지 통계적 평균치를 계산할 수 있다. 카오스 상태의 기체 분자들로 이루어진 전체로서의 역학적 시스템은 카오스 상태에서 벗어나 통계적 평균치에 해당하는 일정한 밀도와 기압과 온도를 지닌 정돈된 세계를 보여준다. 이제 우리는 이렇게 말할 수 있다. 혼돈 상태에 놓여 있는 미시적 세계의 변화는 예측할 수 없지만 미시적 세계 하나하나가 모여 만든 거시적 세계의 미래는 예측 가능하다고.

날씨 역시 마찬가지이다. 기상 현상을 구성하는 수없이 많은 요소 하나하나는 예측 불가능한 카오스 상태에 놓여 있지만 기상 변화에 대한 통계적 예측은 가능하다. 뿐만 아니라 점점 더 촘촘해지고 있는 관측소와 관측기구들의 네트워크 그리고 빠른 속도로 성능이 향상되고 있는 컴퓨터 등으로 초기에 입력하는 측정치의 정확도가 개선됨에 따라 기상예보가 직면하고 있는 한계들도 조금씩 무너지고 있다. 물론 기상 경보와 같이 좁은 지역별로 이루어지는 예보는 그 정확도가 여전히 만족스럽지 못한 것이 사실이다.

이 같은 문제는 각 지역이 가진 이런저런 특성들(예를 들어 다른 지역보다 공장이 많다든가 숲이 많다든가 등의 특성들)도 날씨에 적지 않은 영향을 미친다는 점과도 관련 있다. 이런 세부 정보들까지 모두 고려하여 계산할 수 있는 컴퓨터는 아직 없다. 바람에 관한 예보보다 뇌우에 관한 예보가 더 까다로울 수밖에 없는 것도 마찬가지인데, 도시 중심부의 공기와 도시 외곽부의 공기가 비록 온도와 습도는 같다고 할지라도 얼음 결정체의 씨앗이 되는 먼지의 농도가 다를 수 있듯이 뇌우 형성에 관여하는 요인들이 바람 형성에 관여하는 요인들보다 훨씬 다양하고 많기 때문이다.

어느 시대의 농부이건 어느 나라의 농부이건 그들은 이미 기상 현상과 관련된 통계적 평균치를 사용하여 날씨를 예측해왔다. 농부들 사이에서 규칙처럼 세대를 이어 전해 내려온 통계적 평균치들은 농부들이 세대를 이어 세심하게 날씨를 관찰한 결과이다. 농부들이 오랜 시간에 걸쳐 날씨를 관찰하고 그들 나름의 규칙을 만들어낸 까닭은 당연히 생존이 달려 있는 수확의 풍성함을 위한 것이었다.

물론 기상 현상이 어떤 규칙성에 절대적으로 얽매여 있지 않기 때문에 농부들의 규칙이 언제나 딱 맞아떨어지지는 않는다. 하지만 조사 결과에 따르면 날씨에 관한 농부들의 규칙은 놀라울 정도의 적중률을 보인다. 적중률은 약 65퍼센트에 달한다. 기상위성과 슈퍼컴퓨터 등이 동원된 오늘날의 기상예보가 하루 뒤의 날씨를 맞출 확률이 85퍼센트인 것과 비교하면, 몇 주 뒤의 날씨 심지어는 몇 달

뒤의 날씨를 65퍼센트에 달하는 적중률로 예측한다는 사실은 정말 놀라운 일이다. 널리 알려진 독일 농부들의 규칙 하나를 예로 들어 보자.

'잠자는 일곱 형제의 날'(6월 27일)에 비가 오면
흐린 날씨가 7주 동안 계속된다.

'잠자는 일곱 형제의 날'은 '잃어버린 날'이라고도 불리는데 성에 갇힌 일곱 명의 형제가 살아남기 위해 200년 동안 잠을 잔다는 설화에서 유래한 이름이다. 다소 황당무계해 보이는 이 규칙의 적중률 역시 65퍼센트에 이른다. 기상학자들은 '잠자는 일곱 형제의 날' 규칙에 관해, 흐린 날씨를 만드는 아이슬란드 저기압이 되었건 청명한 날씨를 만드는 아조레스 고기압이 되었건 일단 독일 지역으로 몰려오면 6월 말에는 꽤 오랫동안 머무르기 때문에 실제로도 비슷한 날씨가 계속된다고 설명한다.

올 10월이 따듯하면 내년 1월도 따듯하다.

이 규칙도 아주 높은 적중률을 보인다. 하지만 그 이유에 관해서는 오늘날의 기상학자들 역시 아무런 설명을 내놓지 못하고 있다. 우리는 농부들의 규칙을 통해 모든 것이 비정상적으로 뒤죽박죽 엉켜 있는 것처럼 보이는 기상 현상 속에 규칙성이 존재한다는 믿기 어려운 사실을 확인하였다. 하지만 두 번째 예에서 보았듯이 이 규칙성을 과학적으로 설명하기란 결코 쉽지가 않다. 특히 중위도 지역의 기상 상태는 지구 전역에 산재해 있는 모든 변화 요인의 영향을 받기 때문에 더욱 그렇다. 지금 쏟아지고 있는 폭우가 멀리 떨어진 지구 어느 곳에서 어느 날 발생했던 화산 폭발로 인해 만들어진 먼지 구름 때문일 수도 있기 때문이다.

몸속에 있는 기상관측소

이 장을 마무리하면서 또 하나의 기상예보 형태에 관해 언급해야 할 것 같다. 이 특별한 기상예보 활동에는 비록 원하지 않더라도 우리 모두가 참여할 수밖에 없다. 날씨에 대한 신체 반응이 바로 그것이다. 까닭 모를 피로감, 집중력 감퇴, 관절통, 두통, 현기증, 신경과민, 불면증, 불안감, 우울증 등 날씨는 삶의 질을 심각하게 떨어뜨리기도 한다.

어떤 것이 어떤 문제를 일으키는지 자세하게 연구되지는 않았지만 눅눅한 공기, 기압 변화, 강한 바람, 자외선, 오존층 파괴, 공기오염, 음파, 전자기장 따위가 우리 몸에 영향을 미친다고 볼 수 있다. "비가 오려나" 하며 욱신거리는 무릎을 주무르는 어른들의 모습을 떠올리면 쉽게 이해할 수 있다.

이처럼 기상 변화는 많은 사람의 육체적 · 정신적 평온을 깨트린다. 날씨에 민감한 사람들에게는 이미 며칠 전부터 머리가 아프다든지, 과거에 다친 상처가 욱신거린다든지, 손발이 저린다든지 하는 형태로 고기압에서 저기압으로 기압이 바뀔 것이라는 사실이 예고된다. 저기압이 접근해 오면 지금까지 우세했던 고기압 세력이 점차 약해지며 맑았던 날씨가 조금씩 흐려진다. 이때 얼마나 빠른 속도로 기압이 떨어지는가는 다가오고 있는 저기압 세력이 얼마나 강력한 것인가에 달려 있다. 시계 반대 방향으로 회오리치며 남쪽의 따듯한 공기와 북쪽의 차가운 공기를 빨아들인 저기압 소용돌이가 북서쪽으로부터 유럽에 도착하면, 먼저 저기압 소용돌이에 포함되어 있던 따듯한 공기가 그때까지 진을 치고 있던 고기압의 차고 무거운 공기 위로 올라간다.

많은 사람이 이런저런 신체 증상으로 고통에 시달리는 이 시기의 전형적인 구름 형태는 권운이다. 사실 이 권운은 온난전선이 고기압의 찬 공기 위로 올라가는 과정에서 형성되는 것이 아니라 온난전선이 도착하기 바로 직전에 만들어진 것으로 온난전선이 도착하면 점점 아래로 내려앉으며 부드럽고 고른 빗줄기를 쉼 없이 뿌린다(장마). 비가 내리기 시작하면서 통증이 완화되는 경우도 있지만 대체로 증세가 더욱 악화된다. 특히 심장순환계가 약한 사람은 이 시기에 심장발작이나 심장마비 혹은 뇌출혈 등이 나타날 수도 있다.

온난전선 뒤에는 온난구역warm sector이 따라오는데, 이때는 더운 공기가 차가운 공기 위로 올라타는 일이 절대 생기지 않는다. 또한 공기가 따듯하고 건조해서 장마가 멎는다. 고요한 하늘에 옅은 구름만이 떠 있을 뿐이다. 장마 때 기승을 부렸던 통증들이 별안간 은 눈 녹듯이 사라진다. 하지만 평화는 오래 가지 않는다. 다시 서커

일기예보 생산 과정

일기예보는 4단계의 과정을 거쳐 수요자에게 전달된다. 일기예보는 생산 자체뿐만 아니라 수요자에게 제대로 전달되고 활용되어야만 의미 있는 정보가 된다. 따라서 일기예보가 생산되는 과정은 좁게는 생산까지의 4단계, 광범위하게는 전달과 활용의 2단계를 합한 총 6단계로 설명할 수 있다.

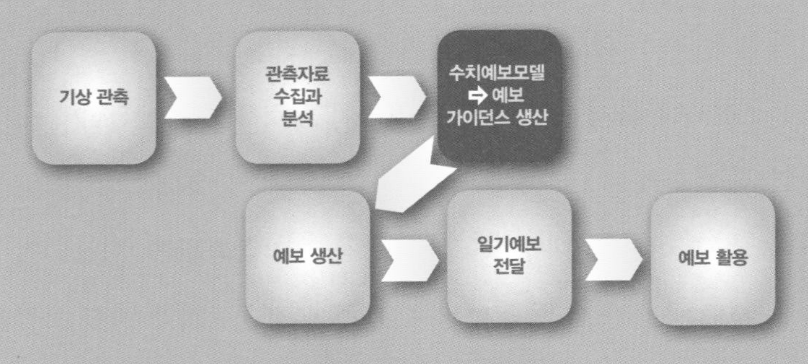

■ 일기예보 생산 과정 (자료 제공: 기상청)

스가 시작된다. 저기압 소용돌이가 북극으로부터 빨아들였던 차고 무거운 공기가 무서운 속도로 진군해 들어와 온난구역의 따뜻한 공기를 밀쳐낸다. 한랭전선과 온난구역 사이에 요동치는 검은 구름의 벽이 만들어지면서 세찬 비바람이 몰아닥친다. 잠시 사라졌던 통증들이 다시 기승을 부리기 시작한다. 한랭전선이 완전히 지나갈 때

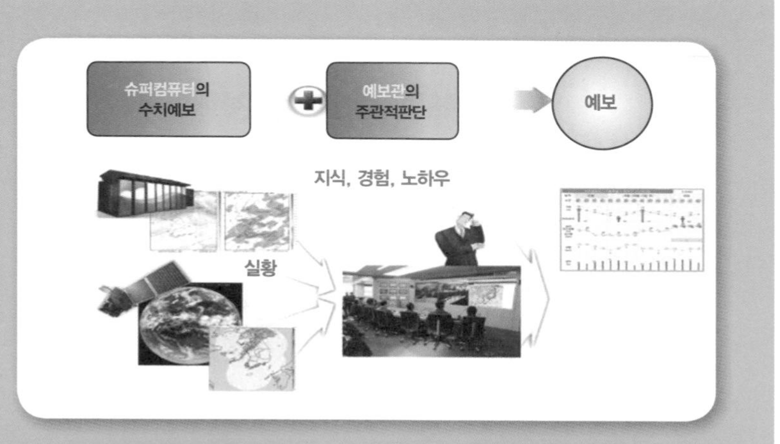

■ **예보관에 의한 최종 예보 생산 과정을 나타낸 개념도** (자료 제공: 기상청)

예보, 즉 예측값을 알기 위해서는 현재의 상황을 잘 파악해야 한다. 이것이 일기예보 생산의 첫 단계인 '관측' 단계이다. 전 세계적으로 같은 시간에 같은 형식으로 관측업무가 이루어지고, 이렇게 관측된 자료들은 세계 각국의 기상청과 서로 교환·수집된다. 그리고 곧바로 분석 작업이 시작된다. 이것이 두 번째 단계인 '관측자료 수집과 분석' 과정이다. 세 번째 단계에서는 수집 분석된 자료를 바탕으로 슈퍼컴퓨터의 수치예보모델을 이용해 객관적인 예보 가이던스를 생산한다. 하지만 아무리 슈퍼컴퓨터를 이용해 계산 결과를 얻는다고 할지라도 이 예측 결과는 완벽하지 않기 때문에 최종적으로 사람, 즉 예보관이 지식과 경험 등을 활용해 일기예보를 생산한다. 이렇게 생산된 일기예보는 언론을 비롯한 다양한 매체를 통해 신속하게 전달되고 방재, 산업, 국방 등 사회 각 분야에서 활용된다.

까지 통증은 계속된다. 한랭전선이 완전하게 지나가고 나면 북서쪽에서 눈에 띄게 서늘한 바람이 불어온다. 다시 기압이 서서히 상승하면서 새로운 고기압 세력이 형성된다. 온 몸 여기저기에서 욱신거리던 통증도 사라진다. 날씨도 몸도 다시 평화롭다. 하지만 불행하게도 이 평화는 또 다른 저기압 소용돌이가 몰려올 때까지만 유지될 뿐이다.

날씨에 민감한 사람들을 가장 괴롭히는 녀석은 바로 푄 바람이다. 정확하게 말하자면 푄 바람이 부는 모든 시기가 문제되는 것은 아니다. 모든 문제는 푄 바람이 불어오기 시작하는 바로 그 시점에 발생한다. 겨울철 남쪽에서 알프스를 넘어온 따뜻한 푄 바람이 알프스의 북쪽 끝자락에 진을 치고 있던 차가운 공기와 마주친다. 푄 바람의 위세에 눌린 차가운 공기는 물결 모양의 움직임을 보이며 조금씩 뒷걸음질 친다. 차가운 공기들이 보여주는 이 물결 모양의 움직임으로 작지만 빠른 기압 변화가 생긴다. 변화 간격은 불과 몇 분에 불과하다. 기압이 단 몇 시간 동안에 수십 번 오르내리기를 반복하는 것이다. 이제 날씨에 민감한 사람들은 머리를 싸매고 극심한 편두통을 호소한다.

날씨가 신체기관에 미치는 영향을 조사한 결과, 5분에서 20분 정도의 간격으로 기압이 빠르게 변화할 때 격렬한 두통을 일으키는 것으로 밝혀졌다. 이 결과는 인간의 신체기관 역시 이와 유사한 간격으로 작동하고 있다는 사실과 깊은 관련이 있어 보인다. 인간을 포함한 거의 모든 생명체는 각 기관들의 주기적인 운동을 바탕으로 생명을 유지한다. 비슷하지만 동일하지 않은 주기의 기압 변화로 우리 몸의 주기적인 운동이 교란될 가능성은 충분하다. 푄 바람이 차가운 바람을 완전히 몰아내고 더는 기압 변화가 생기지 않게 되면 그 극심했던 편두통이 거짓말처럼 말끔히 사라진다는 사실도 이를 뒷받침한다.

Chapter 13

지구 날씨의 리듬, 기후대

우리는 종종 날씨와 기후의 의미를 혼동할 때가 있다. 하지만 두 단어는 엄연히 다른 뜻을 담고 있다. 날씨는 이런저런 곳에서 이런 저런 시간에 발생하는 다양하고도 수많은 대기 현상 전체를 의미한다. 반면 기후는 특정 지역이 지닌 한 해 동안의 평균적인 날씨 상태를 가리킨다. 따라서 다른 혹성과 구별되는 지구의 기후 양상에 대해서는 '지구 기후'라고 표현할 수 있다.

지구 기후의 가장 중요하고도 본질적인 특성은 생명체가 살 수 있다는 점이다. 현재까지 밝혀진 바로는 태양계에서 지구만이 가지고 있는 특성이다. 태양계 밖의 멀고 먼 어느 별에 생명체가 살 수 있는 기후를 가진 별이 있는지는 알 수 없지만 말이다.

지구 기후라는 말을 쓸 수 있다고 해서 지구의 모든 곳이 똑같은 기후 특성을 가진다는 의미는 물론 아니다. 지구 기후는 여러 개의 기후대 *climatic zone*로 나뉜다. 기후학은 기상학과 마찬가지로 다양한 기상 자료를 바탕으로 날씨 현상을 연구한다. 하지만 기상학과는 달리 기상 자료를 긴 시간 단위로 통계적으로 평가한다. 다시 말해 어느 광범위한 지역의 기상 상태를 오랫동안 추적하여 그 지역의 기후 특성을 통계적으로 정리하고, 그런 특성이 만들어진 원인을 밝혀내는 학문인 것이다.

지구 기후라는 표현으로 지구 전체의 기후 특성을 다루듯이 다른 지역과 구분되는 도시만의 특수성을 담아 도시 기후라는 말도 쓸 수 있다. 대도시의 날씨를 1년 동안 자세히 들여다보면 대도시의 기후가 인접해 있는 시골의 기후와 얼마나 큰 차이를 보이는지 금세 알 수 있다. 대도시 기후의 가장 기본적인 특징은 인공 에너지를 사용하면서 뿜어져 나온 열기와 그 열기가 만든 높은 기온이다. 물론 콘크리트와 아스팔트로 뒤덮인 도시의 땅바닥도 기온을 높이는 데 크게 기여한다. 도시에 내린 비나 눈은 흙바닥 위를 천천히 흐르거나 흙 속으로 스며들었다가 지열을 빼앗아 증발할 기회를 잃어버렸다. 그저 매끄러운 콘크리트와 아스팔트 위를 빠른 속도로 흘러 눈 깜박할 사이에 하수구 속으로 사라지고 만다.

꽉 막힌 공간이라 환기가 어렵다는 점도 대도시의 기온을 높이는 데 기여한다. 환기되지 않는 대도시의 공기에는 많은 부유 물질이

도시 기후

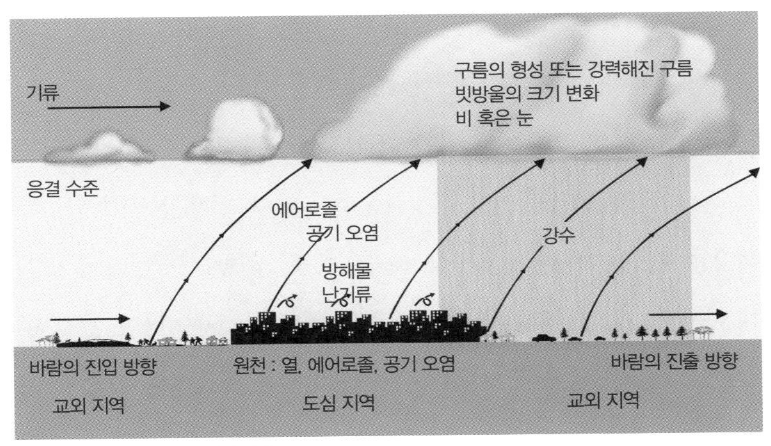

■ 대도시 지역의 구름 형성과 강우

떠다닌다. 공기 속 부유 물질은 스모그 현상의 원인이자 비구름을 빈번하게 만들어내는 원인이다. 하지만 대도시가 만든 구름 덩어리가 비를 쏟아내는 곳은 그들의 발원지인 도시가 아니라 그 도시를 둘러싸고 있는 외곽지역이다.

기후대를 나누는 기준은 무엇일까?

이제 본격적으로 기후 이야기를 시작해보자. 기후학은 지구의 기후를 서로 다른 특성을 지닌 여러 기후대로 나누고 분류한다. 일반적으로 기후학에서는 기온, 기압, 풍향, 풍속, 습도, 구름, 강수, 일조량 등의 요소로 각 기후대를 구분하고 설명한다. 기후를 구성하는 이런 요소들은 매일 매일의 기상 현상을 설명하는 데 필요한 기상학적 요소들과 정확하게 일치한다. 기후가 날씨를 바탕으로 하고 있으니 당연한 결과다.

하지만 한 지역의 기후가 좀 더 완전한 모습을 갖추기 위해서는 앞에서 언급한 요소들만으로는 충분하지 않다. 기후 연구에서는 지리학적 위도, 지형(육지, 물, 산, 계곡, 숲, 들), 해발고도 등도 중요하게 다룬다. 지금 나열한 요소들이 변하지 않는 것들이라면, 앞서 언급한 요소들은 날마다, 달마다, 해마다 변하는 것들이다. 그리고 이런 변화는 위도, 지형, 고도 등 변하지 않는 요소들, 예컨대 그 지역이 해안인지, 내륙인지, 산악인지, 적도 부근인지, 극지방인지 등에 따라 크게 영향을 받는다.

다음 그래프를 보면서 위도와 격해도隔海度(육지와 바다가 떨어져 있는 정도를 나타낸 지수. 바다와 가까이 있으면 기온 등 기상변수값의 연교차가 작아진다) 및 대륙도大陸度(대륙성 기후의 정도를 나타낸 지수. 기온의 일교차와 연교차가 클수록, 강수의 일변화와 연변화가 클수록 대륙도가 증가한다)가 기후에 미치는 영향에 대해 살펴보자.

적도 부근인 자카르타*Jakarta*에서는 연중 기온 변화가 거의 없지만, 위도가 높아질수록 연중 기온 변화가 심해진다. 한편 격해도가 가장 낮은 해안 지역인 발렌시아*Valencia*에서는 위도가 낮은 적도 부근처럼 연중 기온의 변화가 그리 크지 않다. 해안으로부터 조금 떨어진 중앙유럽의 포츠담*Potsdam*은 기온의 편차가 확연히 눈

지리적 조건이 연중 기온 변화에 미치는 영향

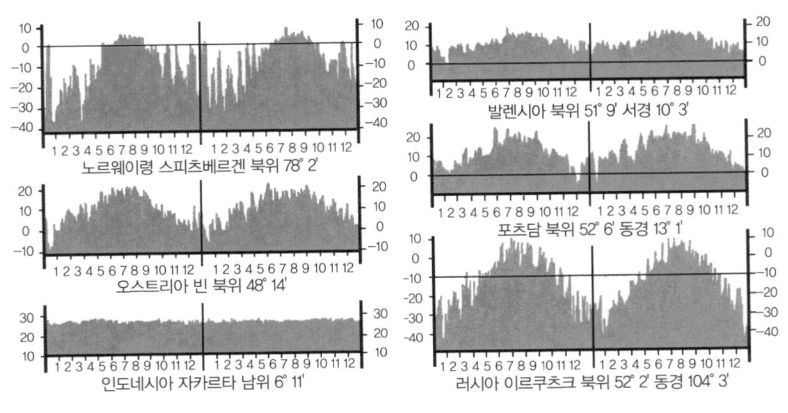

■ 위도 차이에 따른 연중 기온 변화

■ 격해도 차이에 따른 연중 기온 변화

에 들어온다. 그리고 해안으로부터 아주 멀리 떨어진 아시아 대륙의 중심부인 이르쿠츠크*Irkutsk*에서의 연중 기온 편차는 극단적이다. 위도와 격해도는 해발 고도와 더불어 기후 형성의 근본 인자라고 불릴 만큼 기후에 큰 영향을 끼친다. 이에 비하면 기온, 기압, 강수 등은 부차적인 기후 인자라고 부를 수 있다.

위도에 따라 달라지는 태양광선의 강도와 그로 인해 발생하는 대기 순환 역시 각각의 기후대가 고유하고도 규칙적인 기후 특성을 띠게 한다. 지구의 기후를 다섯 가지 기후대로 나누어 알아보자.

• **열대 기후대**: 적도 부근 열대 기후의 가장 큰 특징은 많은 강수량이다. 열대 내부 지역(열대우림)은 1년 내내 많은 비가 내리는 반면 열대 외부 지역(사바나)은 우기와 건기의 구별이 뚜렷하다. 또한 각

달의 평균 기온의 편차가 거의 없고, 모두 섭씨 18도 이상이다.

• **건조 기후대**: 사막 지대를 스텝 지대가 둘러싸고 있다. 강수율보다 증발률이 높은 이곳 식물들은 1년 내내 물 부족에 시달린다.

• **온대 기후대**: 높은 중위도 지역이 온대 기후대에 속한다. 온대 기후대는 다시 대륙성 온대 기후대와 해양성 온대 기후대로 나뉜다. 중앙유럽의 기후는 대륙성 온대 기후와 해양성 온대 기후의 중간 정도이다. 하지만 굳이 비교하자면 유라시아 대륙의 영향보다 대서양의 영향이 다소 우세하다. 온대 기후대는 연중 기온의 편차가 커 사계절의 구분이 뚜렷하다. 가장 추운 달의 평균 기온은 섭씨 영하 3도에서 영상 18도 사이이다. 유럽 대륙의 내륙은 여름엔 덥고 겨울엔 매우 추운 날씨를 보인다. 반면 해안 지역에서는 여름과 겨울의 기온차가 그렇게 크지 않다.

• **냉대 기후대**: 온대와 한대의 중간 지역에 있는 아한대지방의 기후이다. 가장 추운 달의 평균 기온이 섭씨 영하 3도 이하이고, 가장 따뜻한 달의 평균 기온이 섭씨 10도 이상이다. 겨울 추위가 심하고 연교차가 크다.

• **한대 기후대**: 한대 기후대는 다시 툰드라 기후대와 영구 빙설 기후대로 나뉜다. 지평선 위에 태양이 떠 있는 날이 1년 중 반이나 되지만 가장 따듯한 달의 평균 기온이 섭씨 10도를 넘지 않는다. 이 기후대에서는 태양 입사각이 거의 0도에 가까운데, 이 때문에 햇빛이 대기권을 통과하는 거리가 길어져 태양의 복사 에너지가 약해지

기 때문이다.

지금 살펴본 내용들은 지구 기후대에 대한 아주 간략한 설명에 지나지 않는다. 각각의 기후대는 다시 더 작은 기후대들로 세분될 수 있고, 그 작은 기후대들은 다시 더 작은 기후대들로 나누어질 수 있다. 그리고 이런 작업은 어느 산악 지대의 특정 계곡의 기후라든가 어느 국가의 특정 도시의 기후로 '특정'될 때까지, 다시 말해서 미시적인 기후 구분으로 이어질 때까지 계속될 수 있다.

다양한 사례로 살펴보는 기후대

몇 개 도시의 기온과 강수량 그래프를 예로 들어 앞에서 언급한 각 기후대의 특성을 살펴보자.

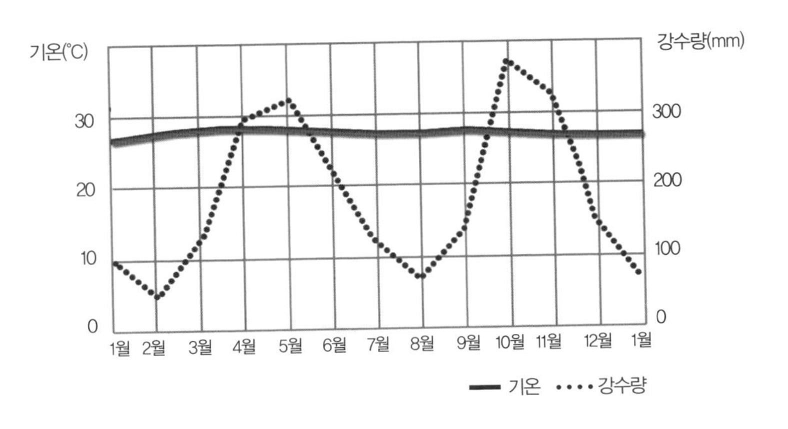

스리랑카 실론 섬의 서남쪽 기슭에 있는 콜롬보의 열대우림 기후이다. 적도를 사이에 둔 남쪽과 북쪽의 무풍대에서는 1년 내내 강렬한 햇볕이 내리쬔다. 그로 인해 지속적으로 습한 공기가 상승하고 강한 비구름을 형성해 1년 내내 많은 비를 내린다. 편차가 거의 없는 기온은 늘 섭씨 26도를 웃돈다. 따라서 계절의 변화는 찾아볼 수 없다. 1년 내내 많은 비가 내리기는 하지만 상대적으로 강수량이 많은 두 번의 우기(3월~5월, 9월~11월)와 상대적으로 강수량이 적은 두 번의 건기로 나눌 수 있다. 열대우림 기후대에서 우기와 건기가 교차하는 이유는 북반구가 여름일 때에는 태양이 북반구 쪽으로 치우쳐 움직여 무풍대의 위치가 위로 올라가고, 북반구가 겨울일 때는 태양이 보다 남반구 쪽으로 치우쳐 움직여 무풍대의 위치가

인도 뭄바이의 기후

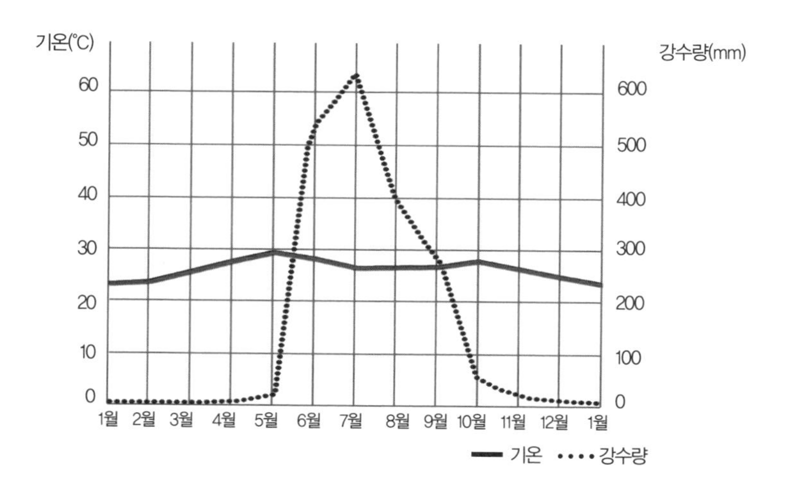

내려가기 때문이다. 따라서 독일을 비롯한 중앙유럽이 여름과 겨울일 때 열대우림 기후의 적도에서는 건기가 되고, 봄과 가을일 때는 우기가 된다.

인도 최대의 무역항인 뭄바이의 기후 그래프는 같은 열대 기후대라 할지라도 열대 외부 지역의 기후는 열대우림 기후와 다소 다르다는 사실을 잘 보여준다. 뭄바이의 기후는 기후대 구분의 좀 더 세부적인 개념인 계절풍 기후대와도 관련이 있다. 습한 바람이 바다에서 육지로 불어오는 여름에는 우기, 바람이 육지에서 바다로 몰려가는 겨울에는 건기가 된다. 열대 기후가 그러하듯 겨울의 평균 기온 역시 여름과 마찬가지로 섭씨 18도 아래로 떨어지지 않는다.

이집트 카이로의 기후

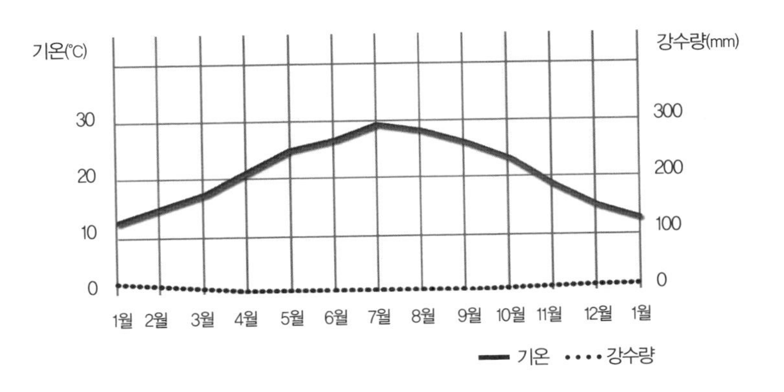

이집트의 수도 카이로가 보여주는 사막건조 기후는 앞서 설명했던 열대 기후와는 확연히 다른 양상이다. 카이로에도 바람은 불어오고 또 카이로의 바람 속에도 습기는 있다. 하지만 그 습기라는 것이 사실은 습기라고 할 만한 것도 못 된다는 점이 문제다. 높은 고도의 태양은 강렬한 햇빛을 그것도 구름 한 점 없는 공중으로 쏘아 보낸다. 여름의 평균 기온은 섭씨 30도가 넘고, 겨울의 평균 기온도 섭씨 15도 정도에 이른다. 낮이면 온 세상을 태워버릴 듯 태양이 이글거리지만 밤이 되면 춥다는 말이 절로 나올 정도로 기온이 뚝 떨어진다. 지구 복사열이 공중으로 날아가지 못하게 막아주는 구름이 없기 때문이다.

이제 독일이 위치한 위도 부근의 기후에 대해 알아보자. 이곳은 앞에서 언급한 것처럼 유럽 대륙 서쪽 해안지대의 대서양 기후와

노르웨이 베르겐의 기후

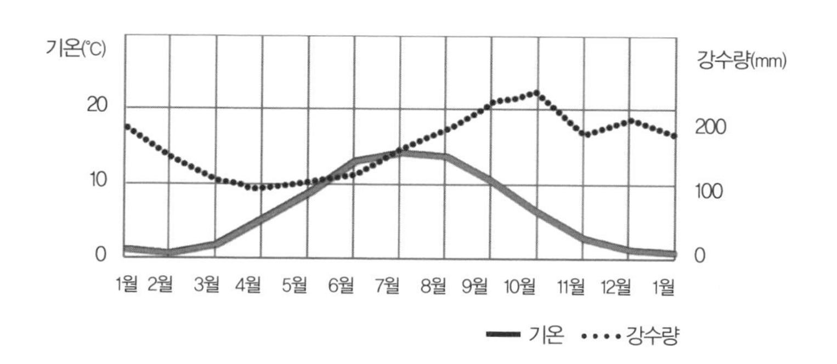

유라시아 대륙에서 동쪽으로 치우칠수록 그 성격이 짙어지는 대륙성 기후로 나뉜다. 각각의 예를 들어보자.

왼쪽 페이지의 그래프는 노르웨이의 해안도시인 베르겐의 온화한 겨울과 서늘한 여름을 잘 보여준다. 온대 기후대에 속하는 베르겐의 겨울과 여름은 기온의 편차가 그리 심한 편은 아니다. 이것은 대서양의 수온이 여름이 된다고 해서 급격하게 상승하지는 않는다는 점 그리고 겨울이 되더라도 영하로 떨어지지 않는다는 점과 관련이 있다. 가을과 겨울에는 서쪽에서 불어오는 바람이 바다의 습기를 몰고 와 많은 비를 뿌린다. 바다는 가을이 되어도 여름의 열기를 간직하고 있는 물 때문에 비교적 따듯한 온도를 유지하고, 그 따듯한 바다 위로 습기를 듬뿍 머금은 공기가 떠올라 차가운 육지 쪽으로 불어 가서 비를 뿌리는 것이다. 그래프에 보이듯이 기온 변화

러시아 모스크바의 기후

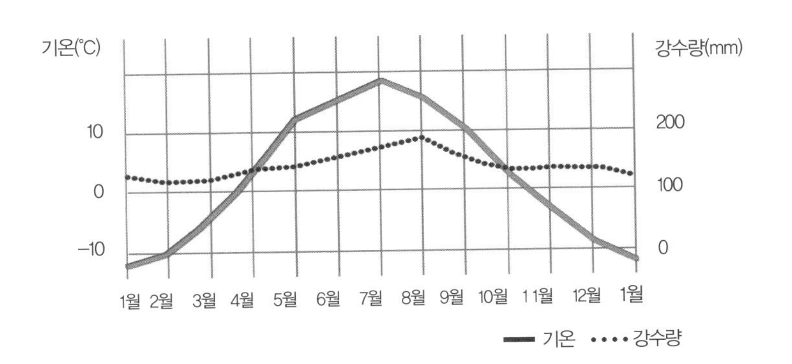

곡선과 강수량 변화 곡선이 대조적으로 움직이는 이유도 바로 여기에 있다.

모스크바의 기후는 온대 기후대의 전혀 색다른 모습을 잘 보여준다. 베르겐과는 달리 건조하기 짝이 없다. 베르겐에서는 그토록 자주 불던 축축한 서풍이 모스크바에서는 거의 불지 않는다. 바다로부터 너무 멀리 떨어져 있기 때문이다. 따듯한 바닷바람이 불지 않는 모스크바의 겨울은 기온이 떨어지면서 차갑게 식어버린 거대한 대륙이 내뿜는 한기까지 더해져 극단적으로 춥다. 이와는 대조적으로 모스크바의 여름은 뜨겁게 달아오른 대륙이 내뿜는 열기로 무척 덥다.

기후가 과연 무엇인지 이해하는 것은 지금까지 살펴본 예들로도 충분할 것 같다. 기후란 음악의 양식 같은 것이다. 길이와 높낮이가 서로 다른 수많은 음이 모여서 만들어진 음악 하나가 양식에 의해 통일성을 가지듯 이런저런 예외가 있음에도 한 지역의 수없이 다양한 기상 현상에 통일성과 규칙성을 부여하는 기본 양식이 바로 기후이다.

우리나라의 기후 특성

우리나라는 유라시아 대륙의 동쪽 북위 33도~43도에 걸쳐 남북으로 길게 뻗어 있다. 지리적으로 중위도 온대 기후대에 속하며, 봄·여름·가을·겨울의 사계절이 뚜렷하다. 또 삼면이 바다로 둘러싸여 있고, 태백산맥이 동서를 길게 나누고 있어 다양한 기후 특성을 보인다.

우리나라는 여름과 겨울의 기온과 강수 차이가 크다. 겨울에는 시베리아 지역에서 차고 건조한 북서 계절풍이 불어와 몹시 춥고 건조하고, 여름에는 태평양에서 덥고 습한 바람이 불어와 무덥고 비가 많이 내린다. 반면 봄과 가을에는 이동성 고기압의 영향으로 맑고 건조한 날이 많다.

우리나라의 연평균 기온은 12.3도이며, 기온의 연교차는 25.9도이다. 위도와 지형의 영향으로 남쪽과 동쪽 연안 지방이 다른 곳보다 기온이 높고 내륙 산간 지방은 기온이 낮다. 가장 추운 달인 1월은 영하 6도~영상 7도, 가장 무더운 8월은 23도~27도, 5월은 16도~19도, 10월은 11도~19도이다.

우리나라에서 1년 동안 비나 눈이 오는 날은 약 106일로 평균 3일에 한 번씩 강수가 발생한다. 연평균 강수량은 1,310밀리미터이고 지역마다 차이가 있다. 중부 지방은 1,100~1,400밀리미터, 남부 지방은 1,000~1,800밀리미터, 경북 지역은 1,000~1,200밀리미터이며, 경남 해안의 일부 지역은 1800밀리미터, 제주도 지방은 1,450~1,850밀리미터이다. 그리고 연평균 강수량의 50~60퍼센트가 여름에 집중된다.

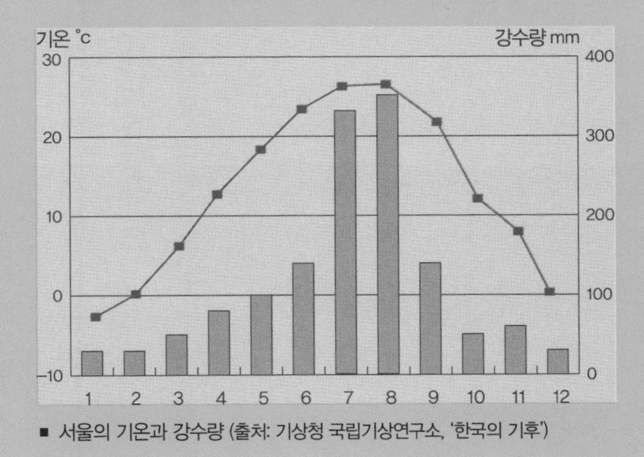

■ 서울의 기온과 강수량 (출처: 기상청 국립기상연구소, '한국의 기후')

기후변화와 지구의 눈물

자연에서, 우주 전체에서 변하지 않는 것은 없다. 모든 것이 시간의 문제일 뿐이다. 기후도 마찬가지다. 이제부터 지구의 기후를 변화시키는 요인들을 하나하나 따져보면서 각각의 요인이 어떤 상호작용을 거쳐 지구 기후에 영향을 미치는지, 그리고 기후변화는 인류에게 어떤 의미인지 살펴보도록 하자.

우주의 영향과 지구의 기후변화

지구의 기후변화에 관해 이야기할 때 사람들은 대체로 큰 변화와 작은 변화로 나누어 이야기한다. 가장 잘 알려진 변화는 11년 정도 주기의 작은 변화이다. 이는 태양 흑점의 수가 11년을 주기로 변하는 현상에서 비롯되었다. 태양 흑점의 평균 수명은 단 며칠에 불과하고 그 이름이 말해주듯 마치 죽음의 세계처럼 검고 어둡다. 그렇다고 해서 실제로 죽음의 세계처럼 모든 활력을 잃어버린 그런 곳은 아니다. 태양 흑점의 온도는 4,300도가 넘는다. 물론 태양의 밝은 부분보다는 약 2,000도가 낮지만. 태양 흑점이 검고 어두워 보이는 것은 이런 온도 차이가 빚어낸 명암 대비에 불과하다. 우리의 생각과 달리 오히려 태양 흑점의 증가는 자기장이 강해지면서 태양의 활동성이 높아졌다는 것을 의미한다.

오늘날에는 태양 흑점의 순환 체계와 지구의 연평균 기온 사이에 직접적이고도 밀접한 관계가 있음을 의심하는 사람이 없다. 하지만 영국 천문학자 윌리엄 허셜*William Herschel*(1738~1822)이 태양 흑점이 지구의 기온에 영향을 미친다는 주장을 처음 제기했을 때만 하더라도 상황은 달랐다. 그리고 안타깝게도 허셜은 자신의 대담한 가설을 증명할 만한 충분한 자료를 가지고 있지 않았다. 그가 제시한 근거는 고작 밀 가격이었다. 허셜이 제시한 통계에 따르면 태양 흑점의 수가 증가하면 밀 가격이 하락했다. 그는 추위는 흉작으로, 흉작은 곡류 가격의 상승으로 이어지는 당연한 사실을 들어 자신의 주장을 뒷받침했고, 뒤이은 연구들로 허셜의 가설은 사실로 확인되었다. 태양 흑점은 태양의 활동성과 관련이 있으며 지구의 기후에 직접적인 영향을 미친다. 어쩌면 너무나 당연한 말인지도 모른다. 언제나 태양은 가장 중요한 기후요소의 하나이지 않은가?

태양은 11년이라는 짧은 주기로만 활동하지 않는다. 태양의 활동성이 강해진(태양 흑점이 증가한) 9세기부터 14세기까지 유럽의 연평균 기온은 상승 곡선을 그렸다. 1도나 오른 해도 있었다. 반면 1550년과 1850년 사이의 북부 유럽은 소빙하기에 놓여 있었다. 태양과는 큰 관련이 없어 보이는 지구의 화산 활동 증가도 소빙하기에 영향을 미쳤다. 대기 중으로 뿜어져 나온 화산재는 태양의 활동성이 줄어들어 이미 악화되어 있던 태양 복사선을 더욱 약하게 만들었다. 유럽의 평균기온이 섭씨 1도나 떨어졌고 겨울은 극단적으로 추웠다. 흉작으로 인해 기근까지 덮쳤다.

태양의 활동성과 함께 지구의 기후변화에 영향을 미치는 또 다른 지구 외부 요인으로는 우주 방사선을 꼽을 수 있다. 먼 우주 공간에서 날아오는 우주 방사선은 강한 에너지를 가진 미립자들로 구성되어 있는데, 그중에서도 특히 양성자(수소원자의 핵)와 헬륨의 핵이 가장 많은 수를 차지한다. 우주 방사선은 멀리 있는 별들이 폭발(초신성)할 때 만들어지는 것으로 추측된다. 태양풍*solar wind*〔태양으로부터 태양계 공간으로 방출되는 플라스마의 흐름을 가리키며, 지구에 자기 폭풍, 오로라 등을 일으킨다〕도 양성자와 전자 등의 미립자로 구성되어 있지만, 지구 자기장에 의해 차단되는 태양풍과 달리 우주 방사선은 걸러지지 않는다. 우주 방사선은 강한 에너지를 가지고 있어 대기권 낮은 곳까지 뚫고 들어올 수 있다. 최근 연구에 따르면 우주 방사선의 강도가 높은 시기에는 바다 위에서 형성되는 구름이 많아진다고 한다. 우주 방사선이 많을수록 지표면에 가까운 대기층(대류권)에 더 많은 응결핵이 공급되기 때문이다.

그러나 우주 방사선의 강도는 항상 똑같기 때문에 방금 말한 '우주 방사선의 강도가 높은 시기'란 표현은 옳지 않다. 항상 똑같은 강도를 지닌 우주 방사선은 지구의 기후변화에 어떤 특별한 영향도 미칠 수 없어야 한다. 하지만 태양풍이 강해지면 지구에 미치는 우주 방사선의 강도를 약하게 만들어 구름이 덜 만들어지게 하고, 그 결과 더 많은 태양광선이 지구를 비춰 기온이 높아지는 것이다. 이 같은 우주 방사선과 태양풍의 상관관계는 과학자들 사이에서 여전히 논쟁의 대상이다.

어찌 되었건 거대한 우주에 상응하는 긴 시간의 관점에서 본다면 지구 대기권에 미치는 우주 방사선의 강도는 변하는 것이 맞다. 은하계 내에 있는 우리 태양계의 위치가 변하기 때문이다. 수백만 년 전부터 태양계는 은하에서 상대적으로 별들이 성긴 지금의 위치에 있어왔다. 그래서 처음부터 지구로 쏟아져 들어오는 우주 방사선의 양이 적었다. 만약 우리 태양계가 빽빽하게 별들로 가득 차 있는 곳으로 이동한다면 빈번하게 일어나는 초신성 폭발 때문에 지구는 우주 방사선의 강력한 폭격으로 뒤덮였을 것이다. 오늘날 많은 과학자는 약 1억 4,300만 년 정도의 주기로 나타나는 대빙하기를 이러한 우주 방사선의 강도 변화와 연결 지어 설명한다. 그러나 이 이론은 엄청나게 많은 부분을 설명하지 못하는 한계를 지니고 있다. 또한 인류가 고민하고 있는 날씨의 미래와는 전혀 상관이 없다.

수만 년이라는 비교적 '단기간'에 걸친 기후변화 주기는 지구의 공전궤도 변화라는 지구 자체 요인으로 생겨난다. 지구의 공전궤도는 태양계 행성들의 특별한 배열 때문에 변한다. 다른 행성들, 그중에서도 특히 거대 행성에 속하는 목성과 토성의 중력이 지구의 공전궤도에 영향을 미친다. 지구가 '정상적인' 공전궤도에서 이탈하면 간빙기와 빙하기가 생겨난다. 지구의 대기와 표면의 특성이 변해서 지구의 에너지 균형을 교란하기 때문이다. 이렇게 지구는 우주의 영향을 받아 반복적으로 기후변화를 겪어왔다.

거대한 한증막, 온실기후 시대

지난 250만 년 동안의 기후변화에 대해서는 상당히 많은 연구가 진행되었고, 지금 우리가 이야기하는 지구의 '단기적인' 기후변화와 원인에 대한 지식도 이러한 연구에 의존하고 있다. 여기에서 '단기적'이라 함은 수만 년에서 십만 년 정도를 의미한다. 그러나 기나긴 지구의 역사에는 수백만 년에 걸친 기후변화도 있었다. 지금까지의 연구 결과에 따르면 다세포 고등생물들이 살았던 지난 5억 4,000만 년 동안 지구에는 극심한 온실기후가 반복적으로 나타났던 것으로 보인다. 또한 전 지구적으로 기온이 내려갔던 시기도 반복적으로 있었다.

지구 전체에서 온실효과가 나타났던 시기는 지구의 대기 상태가 지구의 온도를 지속적으로 올린 시기였다. 이때는 극지방의 얼음이 모두 녹아버리고, 위도에 따른 온도 차이 역시 매우 경미해졌다. 지구가 하나의 거대한 한증막이 되어버렸던 것이다. 여러 온실기후 시대들 중에서 지금까지 가장 잘 연구된 시기는 약 1억 4,000만 년 전에 시작하여 6,500만 년 전에 돌연히 끝난 백악기*Cretaceous period*이다. 백악기는 육지와 바다를 공룡이 지배하던 시기였다. 공룡들은 당시의 찜통 같은 더위에 잘 적응했는데, 지구가 '한증막'이 된 주요 원인은 오늘날의 기후변화 논란에서도 중심에 서 있는 이산화탄소이다.

이산화탄소는 메탄, 오존, 할로겐화탄화수소, 질소 등의 온실가스 중에서도 온실기후 형성에 가장 핵심적인 역할을 한다. 온실가스들은 마치 온실의 유리 지붕처럼 태양으로부터 날아오는 햇빛은 통과시키지만 지표면으로부터 발산되는 열에너지는 대기 밖으로 빠져나가지 못하게 가로막는다. 대기 중에 온실가스가 많으면 많을수록 지구는 자신의 열기를 발산하기가 어려워진다. 기온은 점점 올라가고 지구는 문자 그대로 땀을 흘리기 시작하는 것이다.

1억 4,000만 년 전부터 6,500만 년 전까지의 시기는 해저에서 지속적으로 화산 폭발이 일어난 때이다. 화산 폭발과 함께 엄청난 양의 이산화탄소가 뿜어져 나왔다. 그리고 그중 일부는 바닷물에서 빠져나와 대기 중으로 날아갔다. 당시의 이산화탄소 농도는 오늘날에 비해 4배, 많게는 8배까지 높았다(오늘날 대기 중 이산화탄소 농도는 약 0.04퍼센트로 알려져 있다). 이산화탄소 농도를 급격하게 상승시킨 지속적인 화산 활동은 생태계 전반을 위협하는 극심한 온난화를 불러왔다.

당시 지구의 열기가 정점에 달했던 때는 지금으로부터 약 9,500만 년 전쯤 되는 시점이었다. 그때 지구의 연평균 기온은 지금보다 약 8도 정도가 높았고, 적도 부근 해수면의 온도는 약 섭씨 34도에 달했다(현재 적도의 평균 해수면 온도는 섭씨 28도다). 극지방의 수온은 섭씨 0도에서 섭씨 18도 사이에서 움직였고, 북극의 기후는 아열대성 기후였다. 오늘날 만년빙으로 얼어 있는 북극의 얼음도 당시에는 모두 물이었고, 지속적인 화산 활동으로 해저에서는 엄청난 양의 용암이 쉬지 않고 흘러나왔기 때문에 당시의 해수면은 오늘날보다 무려 250미터나 높았다. 그리고 당시의 육지 면적은 오늘날보다 약 20퍼센트 정도 작았다.

바닷물에 미네랄이 풍부해져 조류와 플랑크톤이 왕성하게 번식해 퍼져 나갔다. 바닷물에 미네랄 함량이 높았던 이유는 고온다습한 공기 때문에 만들어진 거센 비가 땅 위의 미네랄을 바닷속으로 쓸어갔기 때문이었다. 동시에 해저에서 솟구쳐 오른 용암이 깊은 바닷속에 풍부한 미량원소와 영양분을 공급하여 생물의 종류와 양이 폭발적으로 불어났다. 죽은 생물들의 사체가 분해될 새도 없이 바닷속으로 가라앉았다. 생물의 사체를 분해하는 데 필요한 산소가 바닷물에 없었기 때문이다.

이 같은 변화는 다시 대기 중 이산화탄소 균형에 심각한 영향을 미쳤다. 바닷속에서 무성하게 번식한 식물성 플랑크톤이 대기에서 많은 양의 이산화탄소를 흡수했기 때문이다. 이산화탄소를 흡수해서 바다 밑바닥까지 사체가 되어 내려간 생물들은 유기탄소가 되어 오랫동안 쌓였다. 켜켜이 해저에 쌓인 유기탄소의 양은 엄청났다. 매년 약 16억 톤의 탄소가 100만 년에 걸쳐 쌓였다(오늘날 매년 해저에 쌓이는 탄소의 양은 약 1억 톤에서 1억 4,000만 톤 정도이다).

뜨거워진 지구는 대기 중의 이산화탄소가 바닷속으로 유입되는 과정을 통해 조금씩 차가워졌다. 연평균 기온은 약 2~4도 가량 떨어졌다. 물론 오늘과 비교하면 여전히 4~6도 가량 더 높은 기온이었다. 기온이 계속 떨어지기만 했던 것은 아니다. 어느 정도 기온이 떨어지고 나면 다시 오르기 시작했다. 바닷속에서는 여전히 화산 폭발이 계속되었고, 이산화탄소 또한 계속 분출되고 있었기 때문이다. 기온 상승에 이은 기온 하강의 한 사이클이 끝나면 또 다시 기온이 상승하는 새로운 사이클이 시작되었다.

빙하기와 인류의 탄생

최근 연구에 의하면 4,500만 년 전에 이미 북극에는 얼음이 떠다녔고 남극이 얼어붙기 시작했다. 이것은 북극의 바다가 1,600만 년 전부터는 겨울마다, 그리고 320만 년 전부터는 1년 내내 얼어붙었다는 것을 의미한다. 빙하기가 시작되었던 것이다. 그리고 빙하기는 오늘날까지 계속되고 있다. 하지만 약 1만 년 전부터 지구의 기후가 이전보다 상대적으로 따듯해진 것도 사실이다. 그렇다고 하더라도 지금이 빙하기라는 사실은 달라지지 않는다. 극지방의 얼음덩어리가 그것을 증명하고 있다. 빙하기 동안에는 짧은 시기의 간빙기가 반복적으로 나타나는데 지금 우리가 살고 있는 시기가 간빙기에 해당한다.

우리가 살고 있는 지금의 대빙하기는 인간의 영향으로 인해 어쩌면 우리의 희망보다 훨씬 빨리 종말을 고할지도 모른다. 화산이 아닌 인간이, 구체적으로 말해서 화석연료를 태워 유지되는 인간의 문명이 몇 백만 년을 이어온 빙하기를 그것도 아주 빠른 속도로 끝낼 수 있다는 뜻이다. 하지만 이 문제에 대해서는 조금 후에 다시 이야기하도록 하자.

다시 한 번 이삼백만 년 전의 지구 역사 속으로 들어가 보자. 바로 이 시기에 현생인류의 조상인 오스트랄로피테쿠스 *Australopithecus*가 탄생했다. 흥미로운 것은 수백만 년 동안 인류의 조상 속에 잠들어 있던 인류의 고유성이 전 지구적으로 기후가 변하던 바로 이 시기에 발현되었다는 점이다. 280만 년 전에서 230만 년 전 사이에 지구는 지금까지도 원인을 알 수 없는 기후변화로 차가워지기 시작했다. 지구는 온실에서 얼음 저장실로 변했다.

많은 과학자의 견해에 따르면, 인류는 이 기후변화를 통해 처음으로 오늘날과 같은 모습, 즉 앞서 말한 인류의 고유성을 획득할 수 있었다. 동물, 식물 할 것 없이 모든 생명체가 그랬던 것처럼 인류의 조상 또한 살아남기 위해서 근본적으로 달라진 기후에 자신을 맞출 수밖에 없었다. 직립보행을 하게 되었고, 그 덕분에 뇌도 커졌다. 이 모든 변화들이 기후변화와 관련되어 있었던 것이다.

물론 실험실에서 증명할 수 있는 성질의 이야기는 아니다. 어디까지나 추론에 불과한 것들이다. 그렇지만 거의 확실해 보이는 것은 오늘날 인류의 출생지라 불리는 남아프리카와 동아프리카가 당시 기후변화의 영향으로 몹시 건조한 지역이 되었을 것이라는 사실이다. 수십만 년 동안 단 한 번의 우기도 나타나지 않았다. 식물들은 완전히 다른 모습으로 변해갔다.

기후가 건조해지면 식물들은 이른바 경질섬유성을 띠게 된다. 당시 남아프리카와 동아프리카의 식물들 역시 그들의 열매와 씨앗을 두껍고 딱딱한 껍질로 둘러쌌다. 그리고 이 열매와 씨앗을 식량으로 삼고 있던 인류의 조상은 이런 변화에 적응하려고 안간힘을 썼다. 치아의 에나멜은 두꺼워졌고 턱의 근육과 뼈는 강해졌다. 튼튼한 초기 인류 오스트랄로피테쿠스는 이렇게 탄생했다. 그들의 억센 턱과 이빨은 현대인보다 세 배는 컸다. 광대뼈 뒤쪽까지 연결된 턱 근육도 대단히 튼튼했다. 호두까기처럼 단단한 턱은 성능이 뛰어난 분쇄기 그 자체였다.

오스트랄로피테쿠스 중에는 허약한 형태도 있었다. 그들은 지능이라는 도구를 이용해 기후변화에 적응해 나갔다. 이들은 훗날 최초의 인류인 호모 하빌리스*Homo habilis*('능력 있는 사람'이라는 뜻으로 도구를 만들어 쓴 최초의 인류)와 호모 루돌펜시스*Homo rudolfensis*(케냐의 루돌프 호수-현재 투르카나 호수-에서 발견된 원시인류)로 진화하게 된다.

호모 하빌리스와 호모 루돌펜시스는 돌로 만든 도구를 사용한 최초의 인류였다. 이들은 자신들의 허약한 턱뼈와 치아로 씹을 수 없는 음식물을 도구를 이용해 손질했다. 점차 고기 맛을 알게 되면서 죽은 짐승의 가죽을 벗겨내고 뼈에 붙은 살과 근육을 발라내는 데 사용했던 것 역시 돌로 만든 도구였다. 그들은 육식으로 고단백질을 섭취하면서 뇌가 커졌고, 이것이 훗날 호모 사피엔스*Homo sapiens*로 나아가는 문화적 진화의 바탕이 되었다. 불을 사용하고, 집

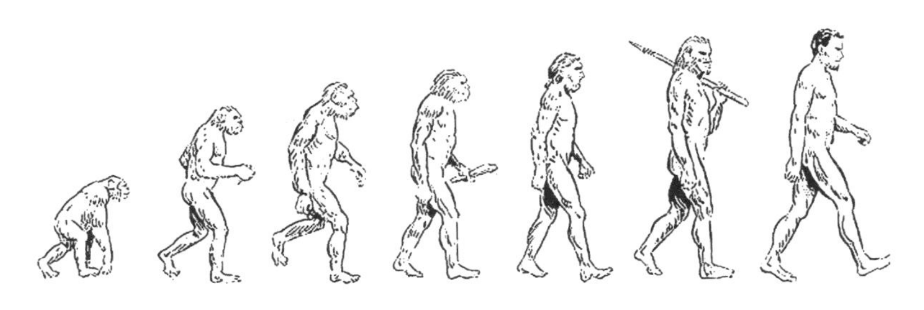

■ 인류의 진화

을 짓고, 옷을 만들어 입는 등의 초기 문화를 발전시킴으로써 인류는 수백만 년 동안이나 그들을 억누르고 있던 기후의 속박에서 비로소 벗어날 수 있었다.

오늘날 호모 사피엔스라 불리는 인류는 기후의 근본적인 변화라는 심각한 위기를 겪으면서 거의 모든 기후 조건에 적응할 수 있는 능력을 가지게 되었고, 이 능력을 활용해 지구라고 불리는 행성을 점차 정복해 나갔다. 오늘날 우리가 위협으로 느끼는 기후변화가 당시에는 인류 탄생의 기폭제가 되었던 것이다.

온실기후 시대의 지구가 언제나 뜨겁지만은 않았듯 빙하기의 지구도 언제나 차갑지만은 않았다. 지구의 기후가 다시 따듯해지는 짧은 시기가 되풀이되곤 했다. 대빙하기 속에서 지구가 주기적으로 따듯해지는 현상을 발견자의 이름을 따 '단스고르 외슈거*Dansgaard-Oeschger* 현상'이라고 부른다. 2만 년 전에 절정에 이르렀다가 1만 1,000년 전에 끝난 최근의 소빙하기 동안에 약 스무 번 정도의 짧은 간빙기가 있었다. 이 짧은 간빙기들의 명확한 발생 원인을 찾아내는 것은 오늘날 기후 연구의 핵심 과제 중 하나로 남아 있다.

한 가지 확실한 사실은 빙하기에 발생하는 기후변화들은 해류와 관련되어 있다는 점이다. 해류의 대순환을 촉발하는 중심 펌프가 있는 곳은 북대서양이다. 밀도가 높은 북대서양의 물이 심층으로 가라앉으며 해수 대순환이 시작된다. 그런데 어떤 이유에서인지 아주 많은 양의 담수가 북대서양으로 흘러 들어올 때가 있다. 그러면 북대서양 해수의 염도, 즉 밀도가 낮아지고 물이 가라앉는 정도도 약해진다. 그리고 순환 펌프의 작동 역시 약해진다.

단스고르 외슈거 현상에서 볼 수 있듯이 대서양 해류 시스템과 관련된 작은 변화 하나가 거대한 기후 시스템 전체를 교란에 빠트릴 수도 있다. 북대서양 해수의 작은 밀도 변화로 대서양의 따듯한 물이 아이슬란드를 지나 북쪽 더 멀리까지 그것도 단번에 몰려 올라간다. 그러면 북극의 얼음이 녹기 시작한다. 간빙기가 시작되는 것이다. 그리고 수백 년이 흐른다. 그사이에 조금씩 원래의 높은 밀도를 찾아간 북대서양 해수에 의해 대서양의 따듯한 해수 흐름 역시 조금씩 약해진다. 그리고 마침내 그 흐름이 완전히 중단된다. 그러면 다시 빙하기 본연의 모습으로 돌아간다. 북대서양 해수의 밀도가 변하는 근본적인 원인에 대해서는 아직 알려진 것이 없으며, 단스고르 외슈거 현상은 대체로 약 1,500년을 주기로 되풀이된다.

인류는 지금으로부터 1만 년이 조금 더 된 때부터 시작된 간빙기에 살고 있다. 하지만 간빙기 중에 불쑥불쑥 추위가 찾아오기도 한다. 앞서 언급한 소빙하기들이다. 물론 좀 더 정확하게 표현하자면 극소형 빙하기라고 해야 할 것이다. 16세기에서 18세기 사이에 겪은 빙하기가 가장 최근에 나타난 극소형 빙하기에 해당한다.

다시 한 번 정리해보자. 250만 년 전부터 현재까지 지구는 대빙하기에 놓여 있다. 우리는 이 사실을 극지방의 얼음 덩어리를 보고 눈으로 확인할 수 있다. 그 전에 지구는 긴 한증막 시대 속에서 땀을 흘렸다. 250만 년 전에 시작된 대빙하기 중에 다시 소빙하기와 간빙기가 교차되면서 기온이 상승과 하강을 반복했다. 지금 우리는 약 1만 년 정도 전에 시작된 간빙기에 살고 있다. 당연히 이 간빙기 전에는 소빙하기가 있었을 것이고 간빙기 중에는 또 약 1,500년 주기의 극소형 빙하기들이 반복적으로 나타났을 것이다.

복잡하기 이를 데 없다. 모든 것이 불확실하다 하더라도 이 한 가지 사실만은 누구도 부인할 수 없을 것이다. 지구 기후는 미세한 자극에도 격렬하게 그리고 때로는 예상하지 못한 방향으로 반응한다. 하지만 기본적으로 간빙기는 빙하기보다 덜 민감하다. 우리가 살고 있는 간빙기 역시 1만 년 전 이래로 꽤 안정적인 모습을 유지

■ 급속한 산업화로 인한 화석연료의 대량연소

해왔다. 하지만 이 안정적인 모습에는 그다지 유쾌하지 않은 '최근까지는'이라는 단서가 붙는다. 최근 들어 간빙기의 안정적인 상태가 심각하게 흔들리고 있다. 간빙기의 교란만으로 끝나지 않을지도 모른다. 극지방의 만년빙이 모두 녹아 없어지면서 250만 년 전부터 지속된 대빙하기가 끝나고 곧바로 온실기후 시대가 펼쳐질지도 모른다. 바로 인간이 만들어낸 온실효과 때문에 말이다.

오늘날의 극심한 온실효과는 석유와 같은 화석연료의 대량 연소가 대기 중 이산화탄소 농도를 높여 생겨났다. 지구 전역에 걸친 급속한 산업화로 수세기 전부터 지구 대기의 이산화탄소 농도가 급격하게 높아지고 있다. 탄소에 의지하고 있는 현대 산업사회의 발달로 단기간에 엄청난 양의 탄소(석탄, 석유, 천연가스와 같은 화석연료 사용으로부터)가 지하에서 대기로 옮겨진 것이다. 인간의 에너지 사용으로 만들어진 온실가스 중에서 지구의 복사열 균형에 가장 큰 영향을 미치는 것은 이산화탄소이다. 복사열 균형이란 지표면이 흡수한 에너지와 발산한 에너지의 차이를 뜻한다. 이산화탄소가 복사열 균형에 가장 큰 영향을 미치는 이유는 대기 중에 체류하는 시간이 긴 특성 때문이다. 이산화탄소 분자는 식물의 광합성에 사용되거나 바닷물에 녹기 전까지 대기에서 몇 십 년을 머무르며 꾸준히 지구 기온에 영향을 미친다.

화석연료 사용 외에도 열대우림지역의 벌목과 삼림 소각도 대기 중의 이산화탄소 농도를 높이는 데 크게 기여한다. 뿐만 아니라 호흡하는 모든 생명체가 이산화탄소 배출의 자연적인 근원지가 되기도 한다. 대기 중의 메탄 농도도 상당히 심각한 수준이다. 대기 중으로 배출되는 메탄가스의 많은 부분이 되새김질을 하는 초식동물에 의해 만들어지는데 오늘날 지구 위에 존재하는 셀 수 없을 정도로 많은 수의 소를 고려한다면 그다지 납득하기 어려운 사실도 아니다.

그동안의 지구 역사에서 기후변화의 주요 원인들은 태양계의 위치 이동과 우주 방사선의 증감, 운석 충돌, 지구의 공전궤도 변화, 태양 복사선의 강도 변화 등 대체로 지구 외부적 요인들이었다. 거기에 덧붙여 지구의 화산 활동, 지각 변화와 같은 문자 그대로 지구 내부적 요인들 역시 적잖은 영향을 미쳤다. 지금껏 기후변화에 인간이 결정적인 역할을 한 적은 단 한 번도 없었다. 그런데 석탄, 석유, 천연가스와 같은 화석연료를 사용한 산업화가 시작되면서 인류는 단번에 아주 중요한 기후변화 요인으로 급부상했다.

기후에 미치는 인류의 영향은 두 가지로 요약할 수 있다. 첫 번째는 이산화탄소로 대표되는 온실가스와 공기 부유 물질을 통칭하는 에어로졸*aerosol*의 급격하고도 지속적인 증가이고, 두 번째는 과격한 자연개발이다. 이미 지구 땅 덩어리의 45퍼센트가 인간의 필요에 따라 개발되었다. 많은 숲이 빠르게 훼손되고 있고, 기후 역시 그만큼 빠르게 변화하고 있다.

기후변화 어디까지 왔나?

기후변화의 다양한 원인을 다루기 전에 먼저 현황부터 살펴보자. 오늘날의 기후변화는 여기저기서 떠들어대는 것처럼 실제로 그렇게 심각한 것일까? 만약 그렇다면 얼마나 심각할까? 2006년 5월 말에 초안이 공개된 '기후변화에 관한 정부 간 패널*IPCC, Intergovernmental Panel on Climate Change*'의 보고서는 기후변화에 대해 그동안 추측한 내용들이 사실일 뿐만 아니라 더욱 가속화되고 있음을 확인시켜 주었다.

인류가 기상 기록을 시작한 이래로 가장 더웠던 여섯 해가 1998년과 2005년 사이에 몰려 있었다. 이산화탄소와 메탄 그리고

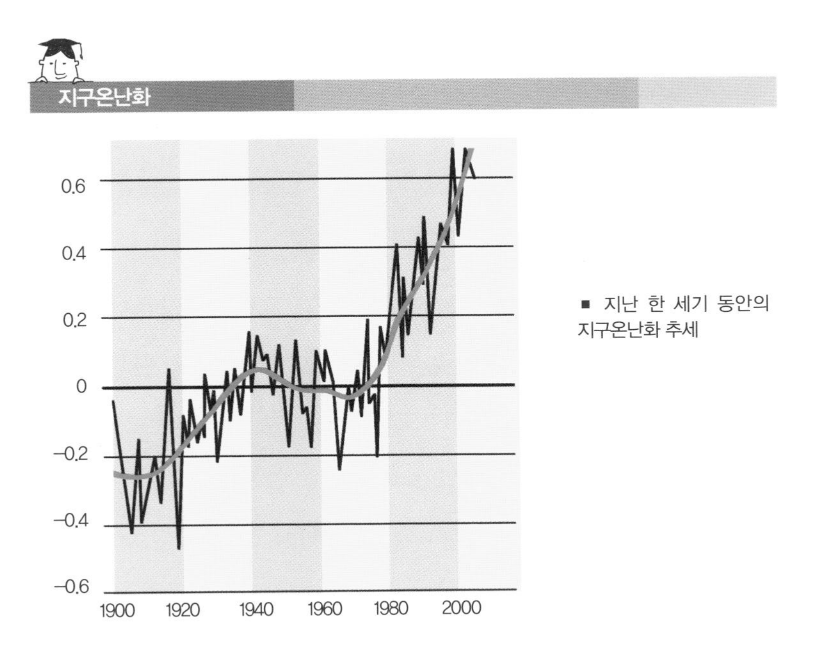

■ 지난 한 세기 동안의 지구온난화 추세

여러 종류의 산화질소의 대기 중 농도가 오늘날만큼 높은 때는 지난 65만 년 이래로 없었다. 빠르게 산업화된 지난 100년 동안 대기 중 온실가스의 농도가 높아진 속도는 2만 년 이래로 가장 빨랐다. 그리고 지난 100년 동안 사람들이 대기에 쏟아낸 탄소 배출량은 해마다 65억 톤에서 72억 톤 가량 증가했다. 당연한 말이겠지만 이로 인해 기온 상승도 가속화되었다. 2005년 지구의 연평균 기온은 지금까지 그 어느 때보다 높았다. 한 세기 동안에 거의 0.7도 높아진 지표면 온도의 상승 속도 역시 점점 빨라지고 있다.

단지 몇 도에 불과한 온도 변화만으로도 한 행성의 물리적 성분, 나아가 그 행성에 살고 있는 동물과 식물의 생활공간이 변화될 수 있다. 지구의 역사에서 수없이 되풀이된 빙하기와 간빙기의 자연스러운 전환 과정과는 달리, 현재 우리가 직면한 기후변화는 지구의 동식물에게 기후변화에 적응할 기회도 그리고 생존 공간을 마련할 기회도 주지 않을지 모른다. 그만큼 모든 변화가 급속도로 진행되고 있다.

화석연료의 사용이 줄어들지 않는다면 그래서 오늘날 우리가 경험하고 있는 기후변화가 지금과 같은 양상으로 계속 진행된다면 2100년 지구의 평균 기온은 5.8도나 오를 수 있다. 단지 몇 도의 변화일 뿐인데 왜 그렇게 호들갑을 떠느냐고 말할 사람도 있을 것이다. 그는 분명 지나치게 단순한 사람일 것이다. 전체 지구의 평균 기온이 단 몇 도 변하는 것만으로도 인간 사회의 내부 깊숙한 곳까지 거대한 변화와 교란이 몰아닥칠 수 있다.

그렇다면 지구의 기온 변화는 도대체 어떤 문제를 초래할까? 그리고 어디서 어떻게 그런 문제들이 발생할까? 이 질문에 대한 답을 가장 잘 보여주는 곳이 북극 지역이다. 알프스나 히말라야 같은 높은 위도에 위치한 산악지역과 그린란드 그리고 알래스카 역시 그렇다. 그곳에서는 빙하가 기록적인 속도로 줄어들고 있다. 만약 이런 속도가 지속된다면 이번 세기 안에 알프스의 빙하 대부분은 녹아 없어질 것이다.

북극의 눈물

빙하는 지구의 기후변화를 가장 정확히 보여준다. 지구의 기온이 내려가면 빙하의 양은 늘어나고 지구의 기온이 올라가면 빙하의 양은 줄어든다. 빙하의 양이 늘어난 마지막 시기는 가장 최근에 있었던 빙하기, 그러니까 이미 언급한 적이 있는 16세기와 18세기 사이의 극소형 빙하기 때였다. 그 이후로 지구의 빙하는 계속 줄어들고 있다. 줄어드는 그 자체가 문제는 아니다. 문제는 그 속도가 지나치게 빠르다는 데 있다.

예를 들어 알프스 빙하의 양은 19세기 중엽까지 약 200세제곱킬로미터에 달했다. 하지만 2000년에는 75세제곱킬로미터, 2005년에는 68세제곱킬로미터로 줄어들었다. 특히 뜨거웠던 2003년의 여름은 알프스의 빙하를 몹시 괴롭혔다. 어떤 빙하들은 스위스 베른의 고지에 있던 탤리 빙하처럼 흔적도 남기지 않고 사라져버렸다. 길이가 23킬로미터로 알프스에서 가장 긴 빙하라고 알려져 있는 스위스 발레 주의 알레치 빙하는 지난 150년 동안 길이가 3.4킬로미터나 줄어들었다. 평야나 구릉보다 고산지대에서 기온이 더 가파르게 상승된다는 점도 빙하의 양이 빠르게 줄어드는 데 큰 영향을 미치고 있다.

빙하만 녹아내리는 것은 아니다. 내내 얼어붙어 있던 땅들(지층의 온도가 연중 0도 이하인 영구동토층)도 녹기 시작했다. 알프스에서 고도 2,700미터였던 영구동토층의 아래쪽 경계가 21세기 중엽이면 약 300미터 정도 높아질 것으로 예상된다. 그렇게 되면 알프스에서 영구동토층에 속하는 봉우리는 몇 개 남지 않을 것이다. 빙하와 영구동토층이 녹는다는 것은 알프스가 그동안 유지해온 평형 상태가 깨진다는 의미이다. 급경사면이 녹아서 떨어져 나갈 것이고, 광범위한 지역에서 수분 균형이 깨질 것이다. 빙하는 일종의 저수지 같은 역할을 해왔다. 건조한 여름에 빙하가 녹은 물은 생명수와도 같다. 만약 알프스의 빙하가 모두 사라진다면 알프스 지역의 초목은 고사 위기에 직면할 것이다.

상황은 히말라야에서 더 극적이다. 계절풍의 영향을 받는 히말라야 중심부와 동쪽 지역이 특히 그렇다. 그곳의 강수는 거의 여름에만 집중되어 있다. 중국과학아카데미의 보고서에 따르면 중국의 빙하는 지난 40년 동안 약 7퍼센트가 줄어들었다. 그 보고서에는 히말라야에 있는 약 6,500개의 빙하 중에서 가장 큰 빙하의 하나로 손꼽히는 길이 25킬로미터의 강고트리 빙하에서 펼쳐지고 있는 상황이 생생하게 기록되어 있다.

갠지스 강은 강고트리 빙하에서 시작된다. 그런데 강고트리 빙하는 1996년부터 1999년까지 단 3년 만에 길이가 76미터나 줄었고, 19세기 중반 이래로 높이는 850미터 줄어들었다. 그에 따라 히말라야에 있는 빙하호수들의 물도 빠른 속도로 불어났다(빙하호수는 빙하가 녹은 물이 한곳에 모여 만들어진 호수이다). 또 히말라야의 영구동토층 경계선이 높아지면서 빙퇴석이 녹아 빙하호수의 자연 제방이 점점 물러지고 있다. 온난화가 이런 추세로 계속된다면 조만간 빙하호수의 물은 더는 호수에 갇혀 있지 않을 것이다. 제방이 무너지고 호수의 물과 암석이 인근 주거지역을 덮칠 것이 불을 보듯 뻔하다.

이 같은 상황은 실제로 이미 몇 번인가 발생했다. 네팔에서만 전체 3,252개 빙하호수 중에서 2,323개 호수의 수위가 상승했다. 하지만 더 큰 문제는 우리는 아직 그 하나하나가 얼마나 위험한지 가늠조차 못하고 있다는 점이다. 네팔보다 더 작은 나라 부탄에 있는 2,674개의 빙하호수도 상황은 마찬가지다. 과학자들은 대략 네팔에서는 20개 정도의 빙하호수가 그리고 부탄에서는 24개 정도의 빙하호수가 당장 급박한 위험에 처해 있는 것으로 추측하고 있다.

좀 더 장기적으로 본다면 빙하가 사라지면서 만들어내는 파괴력은 무시무시하기까지 하다. 만약 히말라야의 만년빙이 녹아 없어진다면 남아시아와 동아시아의 식수 공급 체계가 완전히 붕괴될 수도 있다. 인더스 강, 갠지스 강, 브라마푸트라 강, 양쯔 강, 그리고 황허 강 같은 이 지역의 큰 강들은 빙하로부터 강물을 공급받는다. 예컨대 갠지스 강가에만 5억의 인구가 살고 있고 이들은 갠지스 강에서 식수를 얻는다. 여름철에는 계절풍이 갠지스의 강물을 풍부하게 만들어주지만 건기에는 거의 빙하 녹은 물만이 갠지스를 채워줄 뿐이다. 그런 빙하가 모두 녹아 없어진다면 수많은 사람의 생존과 직결되어 있는 식수 공급의 균형 상태가 뿌리째 흔들릴 수 있다.

걱정스러운 상황은 지구에서 제일 큰 섬인 그린란드에서도 펼쳐지고 있다. 그린란드의 빙하는 아주 빠른 속도로 바다를 향해 미

■ 북극 빙하가 모두 녹으면 인간의 생존도 위협을 받는다.

끄러져 내려가고 있다. 지금까지의 연구에 따르면 남극의 빙상은 점차 두꺼워지고 있지만 그린란드의 빙상은 점차 얇아지고 있다.

그린란드의 상황은 다소 복잡하다. 이 거대한 섬 중앙에 위치한 빙하는 근래 강설량이 증가한 덕에 점점 커지고 있지만 섬의 가장자리에 위치한 빙하는 지속적으로 줄어들고 있다. 빙하가 녹은 물 때문에 얼음 위에 빙하호수가 만들어지기도 하는데, 빙하호수의 물이 마치 윤활유처럼 빙하의 균열 속으로 스며들어 밑바닥까지 흘러내리면 빙하의 일부분이 툭 떨어져 나가 바다로 떠내려가기도 한다.

또한 빙하 전체가 바다 쪽으로 미끄러져 내려가고 있기 때문에 빙하 밑부분이 바닷속으로 흘러 들어가 녹고 있다. 2002년 4월부터 2005년 11월까지 해마다 평균 240세제곱킬로미터의 얼음 덩어리들이 그린란드 동쪽 지역의 빙하에서 떨어져 나갔다. 뮌헨 전역을 700미터 두께의 얼음으로 덮을 수 있는 양이다. 하지만 해안선에서 떨어져 나와 바다로 떠내려가는 빙하의 양이 중심부에서 늘어나는 빙하의 양보다 많은지 적은지에 대한 대답은 정확한 측정이 어려운 지금으로서는 불가능하다.

북극 빙하에 대한 연구가 어려운 것은 온난화의 영향이 바다 위의 얼음과 땅 위의 얼음에서 각각 다른 양상으로 나타나기 때문이다. 1991년부터 2001년까지의 관측 결과에 따르면 그사이 북극의 바다얼음은 20퍼센트 정도 줄어들었다. 북극 바다얼음의 두께는 최고 4미터에 이르는 것도 있지만 대부분은 몇 십 센티미터밖에 되지 않는다. 따라서 북극의 바다얼음이 20퍼센트 줄어들었다는 것은 얼음으로 덮여 있던 곳이 큰 폭으로 줄어들었다는 것을 의미한다. 반면에 그린란드에서 땅을 덮고 있는 빙상의 두께는 최고 3,000미터에 이른다. 이 경우 20퍼센트의 얼음이 녹아 빙상 두께가 달라졌다 해도 두드러질 정도의 큰 차이가 나타나지는 않는다.

육지얼음은 땅 위에 쌓인 눈이 다져진 것이지만 바다얼음은 바닷물이 언 것이다. 소금을 함유하고 있는 바다얼음의 녹는점은 섭씨 영하 1.8도로 육지얼음보다 지구온난화에 더 민감하게 반응한다. 물론 바다얼음이 녹더라도 해수의 농도가 변하지는 않는다. 따라서 북대서양 해수의 밀도 변화가 불러올 대서양 해류 시스템의 교란 같은 문제가 발생하지는 않는다. 그렇다고 바다얼음이 녹아 사라지고 있는 상황이 아무 문제가 되지 않는 것은 결코 아니다.

눈으로 덮여 꽁꽁 얼어붙어 있는 바다얼음은 태양 가시광선의 약 85퍼센트를 반사한다. 그에 비해 이미 녹기 시작한 바다얼음은 태양 가시광선의 약 50퍼센트에서 60퍼센트 정도를, 그리고 완전히 녹아 해수가 된 경우에는 10퍼센트 정도만을 반사한다. 북극의 바다얼음은 그다지 두껍지 않아 빠르게 녹고 있고, 그에 비례해 해수면 면적은 빠르게 늘고 있다. 이전에 바다얼음에 부딪혀 반사되던 태양의 열에너지는 이제 고스란히 바닷물에 흡수된다. 열에너지를 흡수한 바다는 북극의 기온을 더욱 빠른 속도로 상승시키고 바다얼음 역시 더욱 빠른 속도로 녹아 없어진다. 북극에서의 온난화는 이렇게 가속화되고 있다. 긴 시간을 두고 북극의 기온 변화를 측정한 결과에 따르면 실제로 북극의 기온 상승 속도는 지구 전체의 기온 상승 속도보다 두 배나 빠르다.

북극은 지구 전체 기후에 엄청난 영향을 미친다. 빠른 속도로 진행되고 있는 북극의 온난화는 지구 전체의 문제일 수밖에 없다. 우리는 바람과 해류가 열대 지역의 열기를 극지방으로 운반한다는 사실을 잘 알고 있다. 하지만 북극의 기온이 가파르게 상승하면서 이제는 그렇게 많은 열기가 북극으로 운반되지 않는다. 기류와 해류의 강도는 차가운 지역과 따듯한 지역의 기온 격차에 따라 결정되는데 북극의 기온이 상승하여 기온차가 줄어들었기 때문이다. 그래서 북극으로 보내 열대 지역의 열기를 식히지 못하는 만큼 지구는 점점 뜨거워지고 있다.

육지얼음이 거의 대부분인 남극과는 달리 북극의 얼음 덩어리는 주로 바다얼음이다. 따라서 지난 수십 년 동안 진행되어온 온난화의 결과가 남극에서보다 북극에서 두드러진 것은 당연하다. 특히 북극의 겨울이 눈에 띄게 따뜻해졌다. 예를 들어 세계에서 가장 북쪽에 위치한 취락지역 스피츠베르겐의 2006년 1월 기온은 섭씨 0도를 넘는 날이 여러 차례 있었다. 북극의 일반적인 겨울철 기온과 비교하면 엄청난 더위라고 할 수 있다. 스피츠베르겐의 정상적인 1월 기온은 평균 영하 12도 정도였다. 전체적으로 보았을 때 2006

년 1월의 기온은 평균보다 10도나 높았다. 이런 상황이 계속된다면 2100년 여름에는 북극 전체에서 얼음이 사라지게 될 것이다. 다행스럽게도 아직까지는 온난화에 시달리고 있는 북극의 기후를 위해 그린란드의 두꺼운 빙상이 거대한 냉장고처럼 작동하고 있다. 그러나 과연 언제까지 그럴 수 있을까?

이 질문에 답하기란 쉽지 않다. 지금 진행되고 있는 온난화에 다른 여러 기상 요소들이 어떻게 반응할지 그리고 어떻게 변할지 명확하게 예측할 수 없기 때문이다. 10년 전부터 북극에서는 예전에 상상조차 못했던 일이 벌어지고 있다. 북극이 스모그에, 그것도 아주 강력한 스모그에 시달리고 있는 것이다. 한 달 동안의 긴 밤이 끝나고 태양이 다시 지평선 위로 떠오르는 봄이 되면 북극은 매연과 먼지로 만들어진 회색 면사포를 뒤집어쓴다.

북극의 스모그는 유럽에서 날아온 공기 부유 물질(에어로졸) 때문이다. 일반적으로 에어로졸은 온난화를 약화시킨다. 먼지로 가득한 공기는 햇빛이 지표면에 닿기 전에 우주 공간으로 반사하기 때문에 온실효과와는 상반된 결과가 나타나야 한다. 하지만 북극의 특별한 조건 아래에서는 그렇지 않다. 북극의 얼음은 대기를 통과한 햇빛 대부분을 반사하는데, 스모그로 덮여 있는 경우 반사된 햇빛이 지표면으로 되돌아오고 이것은 다시 지표면의 얼음에 반사된다. 반사가 반복되는 과정을 통해 에어로졸 미립자들은 햇빛으로부터 열에너지를 흡수한다. 결국 에어로졸이 대기의 온도를 떨어뜨리는 것이 아니라 오히려 상승시키는 것이다.

기후는 우리가 생각하는 것보다 훨씬 복잡하게 움직인다. 에어로졸에는 아주 다양한 물질이 포함되어 있기 때문에 에어로졸이 기후에 미치는 영향을 단순 명료하게 정리하기는 어렵다. 예컨대 화석연료를 연소할 때 유황에서 만들어지는 황산염처럼 흰색을 띠는 에어로졸들은 햇빛을 강하게 반사하여 대기의 온도 상승을 억제하지만 불완전연소로 생겨나는 검은 매연은 햇빛을 흡수하여 오히려 대기의 온도를 높인다.

지금까지 살펴봤듯이 기후변화가 북극에 미친 영향은 심각하다. 유럽우주기구*ESA, European Space Agency*가 북극에서 발견한 균열은 그야말로 극적이다. 균열은 스피츠베르겐에서부터 러시아의 북극지대를 지나 북극점까지 이어지고 있었다. 균열 자체의 면적만으로도 영국의 크기와 맞먹는 것이었고, 균열의 폭은 아무런 문제없이 배가 지나다닐 수 있을 정도로 넓었다.

남극 빙하와 바다가 보내는 경고

기후 연구자들에게 빙하란 지구의 체온계와 같은 것이다. 이제 우리는 다음과 같은 자연스러운 질문을 던질 수밖에 없다. 이미 체온계마저 문자 그대로 녹아버리기 시작했다면 지구라는 환자를 과연 치료할 수 있을 것인가? 남극은 어떤가? 남극은 우리에게 희망을 주지 않을까?

불행하게도 남극 역시 큰 틀에서는 북극과 다르지 않다. 남극은 1,400만 세제곱미터의 면적과 평균 2,000미터의 두께를 가진 빙상에 덮여 있다. 남극 대륙의 90퍼센트를 덮고 있는 얼음의 70퍼센트는 담수로 된 이른바 육지얼음이다. 남극의 얼음이 모두 녹으면 지구의 해수면은 약 70미터 상승할 것으로 예상된다. 남극은 광활한 면적 덕분에 그린란드나 다른 북극지방보다 지구온난화에 훨씬 느리게 반응하지만 이미 안심할 수 없는 변화가 진행되고 있다.

남극의 전체 빙하는 계속해서 바다 쪽으로 움직이고 있다. 해안선에 닿은 빙하는 빙산 형태로 떨어져 나가 바다로 흘러간다. 참고로 그린란드는 소실되는 전체 해안빙하 중 약 절반이 빙산으로 떨어져 나가 바다로 흘러가고, 나머지 절반은 앞서 언급한 대로 영상을 웃도는 북극의 여름철 기온 탓에 그 자리에서 녹아 없어진다. 사람들이 극지방의 얼음 덩어리 하면 떠올렸던 빙하의 정적인 이미지는 이미 오래전에 깨졌다. 빙하 위의 강설을 이리저리 마구 흩뿌려 놓는 거센 바람은 우리에게 극지방의 역동성을 상징적으로 보여준다. 극지방은 대단히 복잡하고도 역동적인 구조 속에서 변하고 있다. 그 복잡하고도 역동적인 움직임은 유입(강설)과 유출(빙산, 해빙)의 균형 상태에 의해 조율된다.

앞서 잠깐 언급했듯이 그린란드와 남극의 중심부 빙상은 점차 두꺼워지는 반면 해안 쪽의 얼음은 점점 더 빠른 속도로 녹아내리고 있다. 그리고 점점 더 큰 덩어리가 떨어져 바다로 흘러간다. 2006년에는 빙산이 뉴질랜드 해안까지 흘러간 적도 있었다. 위성 관측에 따르면, 지난 몇 년 동안 남극대륙 빙상의 전체 크기는 해마다 약 150세제곱킬로미터씩 줄어들었다. 그리고 그 몇 년 동안 해수면은 약 1.5밀리미터 상승했다. 하지만 이 같은 최근의 관측 결과가 우리에게 남극의 빙하가 앞으로 어떻게 변할 것인지 알려주지는 않는다.

남극의 서쪽 지역 빙하와 동쪽 지역 빙하는 전혀 다른 양상을 보인다. 남극 대륙의 서쪽을 덮고 있는 빙하는 동쪽 지역의 빙하보

남극 빙하의 변화

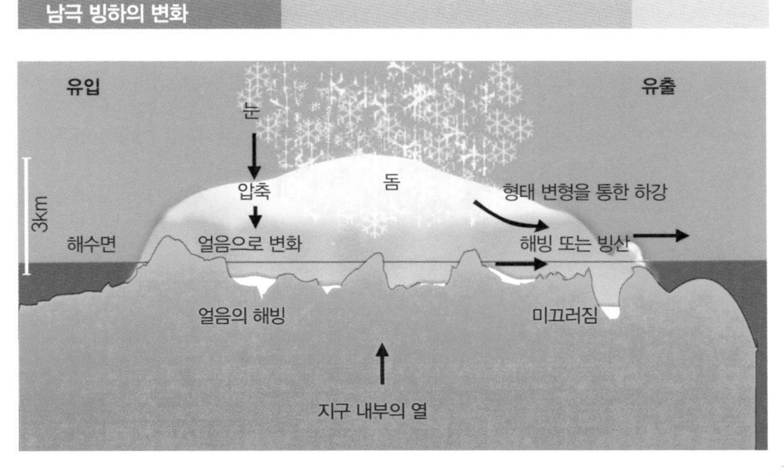

■ 그린란드의 빙하와 마찬가지로 남극의 빙하는 빙하 위로 내린 눈이 다져져 얼음이 된 것이다. 그래서 남극의 내륙빙하는 그린란드처럼 넓게 펴진 위성 안테나를 엎어 놓은 형태이다. 빙하는 녹아서 천천히 해안으로 흘러내린다. 땅 속에서 올라오는 온기가 섭씨 0도가 넘기 때문에 빙하의 바닥이 녹아 미끄러져 내려가는 것이다.

다 훨씬 가변적이다. 가장 최근에 일어난 큰 규모의 빙하 유실도 서쪽 지역에서 발생했다. 그러나 서쪽 해안에서 일어나는 대규모 빙하 유실이 정상적인 자연현상인지 아니면 대재앙의 전조인지는 아무도 모른다. 다만 확실한 것은 과거 60만 년 동안에 남극 대륙의 서쪽 빙하가 적어도 한 번은 완전히 녹았던 적이 있다는 사실이다. 반면에 동쪽의 빙하는 과거 1,500만 년 동안 상당히 안정적인 상태를 유지해왔다. 조심스럽게 예측해보자면 남극 대륙의 서쪽 빙하는 앞으로도 계속 줄어들 것이 분명해 보인다. 하지만 진행 속도는 그다지 빠르지 않아 수천 년에 걸쳐 아주 천천히 줄어들 것으로 예상된다. 그동안 해수면은 500년마다 약 1미터씩 상승할 것이다.

이렇게만 본다면 아직 인류가 대비할 시간은 충분해 보인다. 하지만 지구온난화가 불러올 해수 팽창을 고려한다면 상황은 달라진다(열팽창). 현재로서는 실제로 빙하가 녹아내리는 것보다 해수 팽창이 해수면 상승의 훨씬 큰 요인으로 작용하고 있다. 과학자들은 해수 팽창으로 인한 해수면 상승은 2100년까지 약 60센티미터에 이를 것으로 전망한다. 그리고 현재 빙하의 유실 속도가 점점 빨라지고 있는 북극의 그린란드 빙상이 모두 녹아내린다면 아마도 약 7미터 정도 해수면이 상승할 것이다. 그렇게 된다면 현재 해수면으로부터 단지 몇 미터밖에 솟아 있지 않은 태평양의 아름다운 섬들은 모두 바닷속으로 사라질 수밖에 없다.

예컨대 호주와 하와이의 중간 지점에 위치한 키리바시 군도는 이미 침수 위기에 직면해 있다. 해수가 경작지를 덮쳐 더는 농사를 지을 수 없게 된 곳도 있고 식수원을 덮친 곳도 있다. 키리바시 군도에 살고 있는 사람들 중 일부는 10년 이내에 다른 곳으로 이주해야만 하는 실정에 놓여 있다. 남태평양 군도의 몇몇 정부는 뉴질랜드와 호주에 망명을 신청했다. 호주는 거부했고, 그나마 뉴질랜드는 매년 75명씩은 받아들일 의향이 있다고 발표했다.

대기 중의 이산화탄소 농도가 증가하여 빚어낸 온실효과가 만년빙 지대나 태평양 군도에만 영향을 미치는 것은 아니다. 단지 그곳에서 좀 더 눈에 두드러져 보일 뿐이다. 대기의 온도 상승은 당연히 해수면의 온도 상승으로 이어진다. 구체적인 수치로 말하자면 온난화가 진행되면서 해수면의 온도는 해마다 평균 섭씨 0.1도씩 상승했다. 해수면의 온도 상승은 기상 현상에 직접적인 영향을 미친다. 기후학자들은 최근 열대성 폭풍의 강도가 세진 것도 지구온난화로 수온이 상승했기 때문이라고 입을 모은다.

어떻게 보면 간단한 물리학 지식으로도 쉽게 이해할 수 있는 당연한 결과이다. 따뜻한 물은 더 빨리 증발할 수밖에 없지 않은가? 따뜻하고 습한 공기일수록 더 빠른 속도로 위로 올라가지 않는가? 거대한 열대저기압 역시 이렇게 발생한다. 상승기류 때문에 기압이 현저히 떨어진 부분으로 주변의 공기가 빨려 들어오면서 거대한 열대저기압, 즉 태풍이 만들어진다.

2005년은 태풍의 강도와 발생 수에 있어 유래가 없는 해였다.

2005년 10월 플로리다를 휩쓴 허리케인 윌마의 중심기압은 882헥토파스칼로 그때까지 발생했던 대서양 태풍, 그러니까 허리케인 중에서 기압이 가장 낮았다. 윌마는 시속 180킬로미터가 넘는 풍속을 기록하며 지나는 곳마다 폐허로 만들었다. 윌마가 플로리다를 휩쓸기 바로 두 달 전인 2005년 8월에는 허리케인 카트리나가 시속 280킬로미터의 강풍과 폭우로 뉴올리언스를 초토화시켰다. 뿐만 아니라 뉴올리언스에 살고 있던 1,300명의 생명까지 순식간에 앗아갔다. 기후학자들은 일어날 수 없는 일이 일어난 것이라는 말로 카트리나를 표현한다. 하지만 앞으로 카트리나보다 더 강력한 태풍들이 몰아닥칠 것이라는 사실은 거의 확실해 보인다.

2005년에는 또 한 가지 놀랄 만한 일이 있었다. 바로 허리케인 빈스*Vince*의 등장이다. 사실 10월 9일 카나리아 군도 북쪽에서 생겨나 10월 11일 별다른 피해를 끼치지 않은 채 스페인 남쪽 해안에서 자신의 수명을 다한 허리케인 빈스에 주목했던 사람은 그리 많지 않다. 하지만 빈스의 발생지가 대부분의 대서양 허리케인과는 달리 카리브 해가 아니라 유럽의 문 앞이었다는 점은 무척이나 중요하다. 빈스가 등장하기 전에 북위 30도 이상의 대서양에서 발생한 허리케인을 관측한 기후학자는 아무도 없었다.

허리케인은 해수면의 온도가 섭씨 26.5도 이상이 되어야 발생한다. 빈스가 카나리아 군도 북쪽에서 생겨났다는 것은 우리가 의식하지 못하는 짧은 시간 동안 카나리아 군도 북쪽 바다의 해수면 온도가 26.5도 이상으로 올라갔다는 것을 의미한다. 지구온난화가 해수면의 온도 상승으로 이어져 열대성 폭풍의 발생 지역이 점차 넓어지고 있는 것이다. 빈스의 등장은 남부 유럽 역시 이제는 허리케인 발생 지역 중의 하나임을 선포한 것이다. 지금처럼 온난화가 계속 진행되고 해수면 온도가 꾸준히 상승한다면 격렬한 강수를 동반한 열대성 폭풍의 강도는 높아질 수밖에 없다. 그리고 열대성 폭풍의 사정거리도 점점 더 넓어질 것이다.

늘어나는 이산화탄소, 줄어드는 원시림

기억을 더듬어 지금까지 지구의 기후변화에 관해 이야기한 내용을 정리해보자. 녹아내리고 있는 극지방의 빙하, 해수면 상승, 증가하고 있는 열대성 폭풍의 수와 강도 등은 단 하나의 원인에서 비롯되었다. 바로 산업국가들이 화석연료를 사용하면서 거침없이 내뿜는 이산화탄소의 대기 중 농도 상승이다.

전 세계에서 이산화탄소를 가장 많이 내뿜는 나라는 미국이다. 전 세계 이산화탄소 배출량의 25퍼센트가 미국에서 나온다. 하지만 미국의 인구는 전 세계 인구의 5퍼센트에 불과하다. 또 호주는 이산화탄소 배출의 숨은 세계챔피언이다. 호주의 일인당 이산화탄소 배출량은 미국의 일인당 배출량보다 25퍼센트나 많다. 엄청난 양의 석탄 사용 때문이다. 석탄은 수소와 탄소를 모두 함유하고 있는 석유나 천연가스와는 달리 탄소만을 함유하고 있기 때문에 다른 화석연료보다 단위당 이산화탄소 배출량이 훨씬 많다. 인위적으로 에너지를 만들어내는 방식들 중에서 석탄을 사용한 화력발전만큼 지구환경에 해로운 것은 거의 없다.

1997년에 교토기후협약을 맺는 등 기후변화를 막기 위한 노력이 없었던 것은 아니지만, 이산화탄소를 비롯한 온실가스 배출량은 지금도 전 세계적으로 늘고 있다. 2006년 유엔 보고서에 따르면 교토기후협약 이후 선진산업국가들의 이산화탄소 배출량은 현저히 감소했다. 하지만 그것은 90년대 말까지만이었다. 2000년 이후 지금까지 선진산업국가들의 이산화탄소 배출량은 다시 증가하고 있다. 2000년에 145억 톤이었던 온실가스 배출량이 2004년에는 149억 톤으로 늘어났다. 온실가스 배출량의 증가는 화석연료를 사용하는 교통수단, 즉 자동차나 비행기 따위의 수가 많아진 것과 관련 있다. 1990년 이래 교통수단의 온실가스 배출량은 거의 25퍼센트나 증가했다. 특히 항공기가 배출한 양은 50퍼센트 이상 늘었다.

게다가 지구온난화는 인간의 지속적인 원시림 파괴로 더욱 빨라지고 있다. 원시림 파괴는 두 가지 측면에서 온실효과에 영향을 미친다. 우선 대기 중의 이산화탄소를 흡수하여 지구온난화를 억제하는 식물들을 파괴한다. 그리고 원시림을 파괴하는 과정 그 자체에서 적지 않은 온실가스를 배출한다. 원시림을 불태우는 화염은 원시림 파괴가 지닌 두 가지 측면을 상징적으로 보여준다.

아마존에서는 콩 재배 산업이 원시림을 가장 크게 위협하고 있다. 농부들은 귀중한 목재를 활용할 생각도 하지 않고 광활한 원시림을 불태워버린다. 브라질 사람들은 여전히 원시림은 고갈되지 않는다는 최면에 걸려 있다. 그러나 원시림이 40퍼센트 이상 파괴되면 원시림의 균형이 회복 불가능한 상태가 된다는 사실은 이미 오래전에 증명되었다. 아마존 원시림은 이미 약 20퍼센트가 파괴되었고, 약 22퍼센트는 벌목으로 심각하게 훼손되었다. 지구에서 가장 큰 원시림 지역이 이대로 훼손된다면 지구 기후에 미칠 악영향은 끔찍할 것이다. 그때가 되면 이 거대한 숲은 이산화탄소로 변해서 대기권을 뒤덮을 것이다.

남아메리카 원시림만 생존의 위기에 몰려 있는 것은 아니다. 동아시아 원시림도 마찬가지다. 어쩌면 마찬가지라는 말보다는 희망이 없어 보일 정도라고 표현하는 것이 더 적절할지도 모르겠다. 동아시아의 원시림 훼손은 근본적으로 아시아의 급격한 인구 증가 때문이다. 인도네시아의 거대한 이탄 숲은 1997년과 1998년에 걸쳐 이글거리는 화염에 휩싸였다. 이 불꽃은 약 1,000만 헥타르의 숲을 집어삼켰는데, 스위스 면적의 두 배에 달하는 크기였다. 엄청난 양의 이산화탄소가 대기 중으로 뿜어졌다. 이탄 숲을 집어삼킨 화재는 측정할 수 있을 정도로 눈에 띄는 온실효과를 불러왔다.

인도네시아 정부의 주장에 따르면 이탄 숲이 불탄 것은 엘니뇨 현상*El Nino* 때문이란다. 엘니뇨란 지구온난화로 인해 태평양의 남

■ 숲을 집어삼킨 불길은 인류의 미래도 잿더미로 만들 것이다.

동부 해수면 온도가 비정상적으로 높은 상태를 유지하는 현상 또는 그로 인해 기류와 해류가 교란되는 현상을 말한다. 엘니뇨 때문에 건조해야 할 시기의 태평양 남부에 폭우가 쏟아지기도 하고, 반대로 계절풍이 불어 많은 비가 내려야 할 시기의 열대우림에 건기가 몰아닥치기도 한다. 1997년과 1998년에 걸쳐 특히 기승을 부린 엘니뇨 현상으로 인도네시아는 극심한 건기에 시달렸고, 이 시기 인도네시아의 원시림은 거의 10개월 동안이나 불타올랐다.

하지만 곰곰이 따져보면 이 엄청난 재앙을 모두 엘니뇨 탓으로만 돌릴 수는 없을 것 같다. 인도네시아의 원시림이 인간에 의해 훼손되지 않았다면, 그래서 비가 내리지 않는 건기에도 축축한 습기에 젖어 있던 본래의 모습이 그대로 유지되었다면, 비록 엘니뇨 현상이 발생했다 하더라도 그렇게 거대한 화염이 솟구쳐 오르지는 않았을 것이다. 대규모 벌목은 원시림 곳곳을 풀과 관목만 자라는 황무지로 만들었다. 태양은 아무런 방해도 받지 않고 황무지 바닥을 달구었고 인도네시아의 열대우림은 습기를 잃어 갔다. 뿐만 아니라 불이 나기 몇 년 전부터 이탄 늪지 원시림에서는 어리석게도 배수 프로젝트가 펼쳐지고 있었다. 배수 프로젝트는 상당한 성과를 거두었고 늪지의 수위는 최고 2미터 아래로 떨어졌다. 만약 이 어리석은 배수 프로젝트만 없었다면 엘니뇨 현상으로 이상 건기가 몰아닥쳤다 하더라도 이탄의 늪지 원시림은 침수 상태를 유지했을 것이다. 하지만 물이 빠진 습지의 나무들은 바짝 마르고 지나치게 산성화되어 있었다. 대재앙은 이미 예고되었던 것이다.

인도네시아 농부들은 전통적으로 건기에 숲을 태워 경작지를 만든다. 건기라 할지라도 늘 축축하게 젖어 있는 숲이라면 불길을 통제하는 게 그다지 어렵지 않다. 하지만 이번에는 달랐다. 그들의 힘으로 통제할 수 있는 불길이 아니었다. 바짝 마른 이탄 지대의 바짝 마른 숲을 태우며 불길은 거세게 번져 나갔다. 그야말로 화약고에 불을 지른 격이었다. 이탄은 석탄의 한 종류 혹은 석탄의 전 단계로 보아도 크게 틀리지 않는다. 자연의 분노와도 같은 화염 위로 뭉게뭉게 솟구쳐 오른 엄청난 양의 검은 연기는 거의 동남아시아 전체를 뒤덮었다. 불길은 아직 인간의 손길이 닿지 않은 이탄 숲까지 덮칠 정도로 막강했다.

인간의 손길이 열대우림의 생태계 질서를 파괴했고 이것이 결국 이 엄청난 재앙의 가장 큰 원인이었다. 보통 숲에 불을 지르기 전에는 먼저 벌목을 한다. 값진 나무들이 많기 때문이다. 그리고 잘라낸 나무를 운반하기 위해 원시림 사이로 길을 만든다. 그때까지 두껍게 덮여 있던 원시림의 지붕 곳곳에 틈이 생기고, 그 틈새로 강렬한 햇빛이 쏟아져 들어온다. 그늘져 있어야 할 숲 바닥에 햇볕이 내리쬐면서 금세 개척식물들이 자란다. 개척식물은 햇빛과 물이 있으면 금세 자라지만 비가 오지 않으면 또 금세 말라죽는다. 말라죽은 개척식물들은 아주 이상적인 연료가 된다. 게다가 벌목꾼들이 잘라낸 나뭇가지도 여기저기 널려 있다. 건기가 되어 바짝 마른 나뭇가지들 역시 아주 이상적인 연료다. 이와 반대로 인간의 손길이 닿지 않은 원시림은 무성한 잎사귀들이 햇빛을 가려 숲은 언제나 축축한 상태를 유지한다.

거대한 원시림에서 발생한 화재는 지구 기후에 어떤 영향을 미쳤을까? 간단하게 대답할 수 있는 질문은 아니다. 한 가지 확실하게 말할 수 있는 것은 그동안 사람들이 숲에서 발생한 화재로 뿜어져 나오는 이산화탄소에 대해 그다지 대수롭지 않게 생각해왔다는 사실이다. 그러나 인도네시아의 원시림이 우리의 잘못된 생각을 충격적인 방법으로 바로잡아주었다. 인도네시아의 이탄 숲이 불타오르면서 뿜어낸 이산화탄소는 20억 톤에 달한다. 이것은 그해 지구 전역에서 사용된 석유와 석탄 그리고 천연가스가 배출한 이산화탄소의 4분의 1에 해당하는 양이었다.

눈에 띄지 않는 생태계의 변화들

앞에서 우리는 지구온난화가 극지방의 빙하를 녹인다는 사실을 살펴보았다. 대중매체들도 얼음 덩어리의 가장자리가 녹아 붕괴하는 충격적인 모습을 앞다퉈 보여주고 있다. 하지만 이렇게 눈에 띄는 결과 외에도 눈에 띄지는 않지만 지구의 미래에 아주 중요한 영향을 미치는 결과들도 있다. 시베리아와 알래스카 그리고 캐나다 북부의 영구동토층이 녹고 있다는 사실이 바로 그런 경우이다. 이들의 면적을 모두 합하면 지구 육지 면적의 4분의 1에 해당한다. 러시아는 무려 영토의 절반이 영구동토층이다.

영구동토층에는 고세균이라는 미생물이 산다. 고세균은 신진대사 과정에서 메탄을 만들어낸다. 이미 알고 있듯이 메탄은 이산화탄소와 함께 지구온난화의 주범 중 하나다. 물론 고세균이 빙점 이하에서도 메탄을 만들어내기는 하지만 기온이 상승하면 그들의 신진대사가 더욱 활발해져 더 많은 메탄을 만들어낸다. 지구의 기온이 상승하면서 고세균이 만들어내는 메탄의 양도 눈에 띄게 늘어나고 있다. 온난화의 결과가 다시 온난화를 부채질하고 있는 것이다.

이미 캐나다와 스칸디나비아의 북쪽 지역에서는 영구동토층이 녹으면서 따듯한 기후대가 조금씩 북상하고 있다. 연평균 기온이 섭씨 0도가 조금 넘는 아한대(냉온대)에서는 길고 추운 겨울 때문에 식물의 성장이 제한되지만 지금까지 아한대로 분류되었던 곳이 따듯해지고 있다. 1년 중 얼음이 어는 시기가 줄어들었고 그만큼 식물이 자랄 수 있는 시기는 늘었다. 뿐만 아니라 식물이 자라기 힘든 툰드라 지대에 관목들이 자라나면서 새로운 숲이 만들어지고 있다. 다행히 이렇게 새로 자라난 식물들 덕분에 대기 중의 이산화탄소가 다시 흡수되면서 온실효과가 상당 부분 억제되고 있다.

앞으로 전개될 긴 시간 동안의 변화를 컴퓨터 시뮬레이션으로 추적한 결과, 지구의 기온이 0.8도만 올라가도 지금의 아한대 지역에서 자라는 식물의 양이 상당히 빠르게 증가하는 것으로 나타났다. 이미 지금도 과거 20년 전보다 봄은 며칠 일찍, 가을은 며칠 늦게 시작되고 있다. 식물의 성장 시간이 일주일 이상 길어진 것이다. 아한대 지대의 연중 식물 성장 시간이 평균 3.5개월밖에 되지 않았던 것에 비추어 본다면 이는 중요한 변화이다.

현재는 열대우림이 파괴되어 생긴 문제를 북쪽 툰드라 지대에 새롭게 자라난 식물들이 막아주고 있다. 뿐만 아니라 열대우림이 불에 탈 때 방출하는 이산화탄소 양보다 북쪽에서 새롭게 자라난 식물들이 흡수하는 이산화탄소 양이 더 많은 것도 사실이다. 하지만 지구의 기온이 계속 상승한다면 이야기는 달라진다. 지구 기온의 상승과 함께 툰드라 지대에 사는 고세균의 신진대사도 활발해질 것이기 때문이다. 이렇게 되면 따듯해진 아한대 지역에 더는 온실효과를 억제하는 브레이크 역할을 기대할 수 없을 것이다.

영구동토층에 새로운 숲이 만들어져 지금 당장 이득이 된다고 해서 열대우림의 파괴를 용납하거나 혹은 대수롭지 않게 생각해서는 안 된다. 열대우림은 지구 기후와 관련해서 북쪽 숲과는 전혀 다른 의미를 지니고 있기 때문이다. 숲의 역할은 이산화탄소를 흡수하는 것으로 끝나지 않는다. 아한대 지역에 숲이 조성되면 또 다른 변화 생긴다. 영구동토층에는 이탄이 풍부하게 매장되어 있는데, 땅이 녹으면서 잠들어 있던 이탄이 이산화탄소를 대기 중으로 방출하게 된다. 온실효과를 재촉하는 것이다.

여기에 더해서 약 반세기 전부터 북러시아 지역에서 강물의 양이 늘어나고 있다. 겨울에 내리는 눈의 양이 늘어난 탓도 있지만 다른 한편으로는 영구동토층이 녹아서이다. 이 지역 강물은 북극해로 흘러 들어간다. 북극해로 더 많은 담수가 흘러 들어간다는 것은 그린란드의 얼음이 녹는 것과 마찬가지로 지구 기후에 심각한 영향을 미칠 수 있다. 이 때문에 열을 북극 방향으로 보내는 가장 중요한 '펌프'인 멕시코 만류가 약해지거나 심지어는 완전히 방향이 바뀌어버릴 수 있다. 그렇게 되면 해류의 흐름 자체가 전 지구적 차원에서 근본적으로 변해버릴 것이고, 이는 차마 상상조차 할 수 없는 결과를 불러올 것이다.

바다는 해류의 흐름을 통해서만 지구 기후에 영향을 미치는 게 아니다. 숲의 생태계와 마찬가지로 바닷속 생태계도 지구 기후에 결정적인 영향을 미친다. 우리는 그 세계를 '바닷속의 보이지 않는 숲'이라고 부를 수 있을 것 같다. 바다 표면의 바닷물 한 방울에는 수천 마리의 식물성 플랑크톤이 들어 있다(식물성 플랑크톤 외에 동물성 플랑크톤이 있다. 동물성 플랑크톤도 식물성 플랑크톤과 마찬가지로 단세포 생물이다. 갑각류 등이 동물성 플랑크톤에 속한다). 식물성 플랑크톤의 하나인 규조류는 다양하고도 기묘한 기하학적 모양으로 우리의 시선을 사로잡는다. 식물성 플랑크톤은 지구의 사분의 삼을 차지하는 모든 해양에 살고 있다.

약 5억 년 전에 생겨난 육지식물처럼 약 30억 년 전에 생겨난 식물성 플랑크톤 역시 공기에서 이산화탄소를 흡수한다. 이른바 녹색식물은 햇빛의 도움을 받아 물을 산소와 수소로 분해한다(광합성). 분해된 산소는 쓰레기로 버려져 물속이나 땅 위에 사는 동물들의 호흡에 사용되고, 수소는 공기에서 흡수한 이산화탄소와 결합하여 유기물인 당을 합성한다. 녹색식물들은 이렇게 만들어진 당을 이용해 그들의 세포를 만든다. 녹색식물들의 광합성은 지구 기후에 매우 중요한 역할을 한다. 그리고 식물성 플랑크톤은 지구 전체 광합성 식물의 1퍼센트를 차지한다. 식물성 플랑크톤이 한 해 동안 흡수하는 이산화탄소의 양은 450만 톤에서 500만 톤인데, 이 양은 지구 전체 광합성에서 약 50퍼센트를 차지한다. 1퍼센트밖에 되지 않는 식물성 플랑크톤이 나머지 99퍼센트의 식물이 흡수하는 양과 동일한 양의 이산화탄소를 흡수하는 것이다.

어떻게 이런 일이 가능할까? 엿새마다 일어나는 식물성 플랑크톤의 세포분열에 그 비밀이 숨어 있다. 바닷속에 사는 식물성 단세포 생물의 번식에는 그다지 많은 것이 필요하지 않다. 만약 세포분열과 동시에 죽어가는 것들만 없다면 그리고 동물성 플랑크톤에게 잡아먹히는 것들만 없다면 단 엿새 만에 식물성 플랑크톤의 수는 두 배로 불어날 수도 있다. 이와는 달리 육지식물이 일정 정도 완전한 형태로 그들의 후손을 만들어내는 데는 평균 20년 정도가 걸린다. 식물성 플랑크톤이 지구의 기후를 조절하는 중요한 역할을 할 수 있게 만들어주는 것은 그들의 짧은 생장 기간인 셈이다.

식물성 플랑크톤의 역할은 죽은 후에도 여전히 유효하다. 쉴 새

없이 생겨나고 쉴 새 없이 죽어 가는 식물성 플랑크톤은 죽은 후에도 이산화탄소를 자신의 몸에 품은 채 바다 깊숙한 곳으로 가라앉는다. 식물성 플랑크톤의 사체가 해저로 끌고 가는 이산화탄소의 양은 연간 70억 톤에서 80억 톤에 이른다. 이것은 식물성 플랑크톤이 한 해 동안 공기에서 흡수하는 이산화탄소의 15퍼센트에 해당한다. 하지만 수백 년이 흐르는 동안 해저에 가라앉아 있던 식물성 플랑크톤의 사체의 절반 정도는 용승해류에 의해 해수면으로 떠오르고 나머지 절반만이 바닥에 남아 오랜 시간이 흐른 뒤에 검은 점판암이나 석유 혹은 천연가스 등으로 변한다.

오늘날의 산업사회를 유지해주는 화석연료가 죽은 식물성 플랑크톤의 잔해에서 나온 것이다. 이렇게 수백만 년 동안 바다 깊숙한 곳에서 식물성 플랑크톤의 사체에 고정되어 있던 이산화탄소가 최근 빠른 속도로 방출되고 있다. 수백만 년 이어져오던 탄소순환체계의 평형상태가 인간에 의해 그것도 극히 짧은 시간 만에 깨지고 있는 것이다. 만약 지구 위에서 모든 식물성 플랑크톤이 사라져버린다면 대기 중의 이산화탄소 농도가 약 35퍼센트 높아질 것이라는 연구 결과는 식물성 플랑크톤이 지구 기후에 얼마나 중요한 역할을 하고 있는지 잘 보여준다.

지금 이미 심각한 상태에 놓여 있는 해양오염이 이대로 지속된다면 해양오염에 특히 민감하게 반응하는 식물성 플랑크톤의 멸종이라는 대재앙이 우리 앞에 펼쳐질 수도 있다. 그리고 식물성 플랑크톤의 멸종은 모든 바다생물의 멸종으로 이어질 수도 있다. 바닷속 먹이사슬의 기초가 식물성 플랑크톤이기 때문이다.

지금까지 지구의 기후변화와 관련된 몇몇 중요한 현상들을 살펴보았다. 얼핏 보면 이 현상들이 각각 따로 떨어져 개별적으로 일어나는 것처럼 보이지만 사실은 그렇지 않다. 지구에서 펼쳐지고 있는 모든 기후변화는 그 어떤 성능 좋은 컴퓨터로도 재현할 수 없는 얽히고설킨 상호작용 속에 일어나고 발전한다. 어떤 것들은 변화의 폭을 넓히고 어떤 것들은 넓혀진 폭을 다시 좁힌다. 그렇다고 해서 지구의 기후 체계가 변화의 강약이라는 단순한 회로만으로 작동되는 것 또한 아니다. 수없이 다양한 회로 속에서 극히 사소해 보이는 하나하나까지 서로 엉켜 상호작용을 일으킨다.

지구의 기후는 인간의 힘으로는 통찰하기도 이해하기도 힘든 복잡하고 역동적인 시스템 위에서 스스로 살아 움직이고 있는 것이다. 미래의 지구 기후를 감히 단언할 수 없는 까닭이 여기에 있다.

지구 기후의 미래

'날씨란 무엇인가?'에서 출발한 여행이 막바지에 다다랐다. 이제 지구 기후의 미래에 대해 생각해볼 차례이다. 하지만 그전에 잠시 기후변화와 관련된 중요한 요소 한 가지를 언급하려 한다. 바로 오존이다.

지구 대기의 구조를 다루면서 이야기했듯이 오존은 성층권에 막을 형성해 위험한 자외선이 지구 표면에 너무 많이 도달하는 것을 막아주는 좋은 기체이다. 물론 이 보호막은 완벽하게 모든 것을 차단하지는 못한다. 언제나 적은 양의 자외선이 오존층의 방어막을 통과하는데, 그것도 좋은 현상이다. 너무 많으면 화상이나 피부암 등 피부에 손상을 주지만, 에너지가 풍부한 소량의 자외선은 생명체에 꼭 필요하기 때문이다. 자외선은 우리 몸에서 뼈가 발달하는 데 꼭 필요한 비타민D를 생산할 때 중요한 역할을 한다. 문제는 이 오존층이 파괴되고 있다는 것이다.

지난 수십 년 동안 인간은 스프레이나 냉장고 등을 사용하면서 프레온가스를 대기에 방출하여 지구의 자연적인 보호막을 상당히 훼손했다. 극지방, 특히 남극 상공은 극야極夜, *polar night*〔고위도 지역이나 극점 지역에서 겨울철에 해가 뜨지 않고 밤만 계속되는 현상〕 이후의 오존층이 매우 얇아졌다. 우리가 배출한 프레온가스는 가벼워서 성층권까지 올라간다. 프레온가스가 그곳에서 자외선을 흡수하면 산소분자보다 훨씬 더 활발하게 반응하는 염소 원자가 떨어져 나온다. 보통 염소는 두 개의 염소 원자가 결합한 분자 형태로 존재하는데, 떨어져 나온 염소 원자가 오존과 반응해서 지구의 보호막인 오존층을 파괴한다.

프레온가스가 지구 대기에 미치는 나쁜 영향은 이미 1970년대 중반에 널리 알려졌다. 하지만 그로부터 10년이 지나서야 비로소 프레온가스 사용이 국제적으로 규제되기 시작했다. 늦은 감이 있지만 이러한 조치들은 인간이 환경에서 일어나는 위험한 문제들을 인식하고 해결책을 찾아낼 수 있다는 희망을 보여준다. 다행히 오존층의 경우 프레온가스를 대신할 환경에 해가 없는 물질을 빠르게 찾아냈기에 쉽게 해결할 수 있었다.

그러나 오존층 파괴 문제는 대체 물질을 찾았다고 해서 완전히 해결되는 것이 아니다. 프레온가스는 지상에서 성층권까지 도달하는데 수십 년이 걸린다. 또한 최근의 연구에 따르면 지구온난화가 특히 남극 하늘에 생긴 오존홀*ozone hole*이 닫히는 것을 지연시키고 있다는 사실이 밝혀졌다. 이제 '프레온가스를 적게 사용하면 오존홀도 작아진다'는 단순한 계산은 통하지 않게 되었다. 지구온난화로 성층권의 온도가 더 낮아져 오존층 파괴를 촉진시켰다. 지난 수십 년 동안 성층권의 온도가 낮아진 것은 아래쪽에 있는 대기층의 온도가 올라갔기 때문이다. 이산화탄소나 다른 온실가스들이 지구 표면으로부터 올라오는 열을 흡수하면 당연히 그 위에 있는 대기층의 온도는 내려간다. 아래쪽 대기층에 이산화탄소가 많으면 많을수록 성층권의 온도는 더욱 내려가고 남아 있는 프레온가스는 오존층을 더욱 효과적으로 파괴하게 된다.

그래서 2006년 겨울, 즉 9월에 남극 위에 있던 오존홀이 과거 어느 때보다도 커진 사실이 새삼 놀랍지 않았던 것이다. 당시 오존홀의 크기는 미국과 러시아의 면적을 합친 것보다 더 컸다. 13킬로미터에서 21킬로미터 높이에 있는 오존층은 거의 전부가 파괴되어 있었다. 실제로 2006년 9월 남극 상공 성층권의 기온은 평년기온보다 약 섭씨 5도 정도 낮았다. 학자들은 아무리 빨라도 50년에서 70년은 지나야 남극 상공의 오존홀이 다시 닫힐 수 있을 것이라고 생각한다. 그러나 모든 미래 예측과 마찬가지로 이 예측도 불확실하다.

지구의 불확실한 미래

'불확실'이라는 단어와 함께 우리도 마지막 장의 근본적인 문제점에 도달했다. 지구의 기후가 어떻게 될지는 불확실하다. 오존홀과 마찬가지로 지구의 기후도 인간이 어떻게 그리고 얼마나 빠르게 대응하느냐에 달려 있기 때문이다. 오존홀에 대해서는 그나마 빠르게 대응했다. 해결책을 빨리 찾아낼 수 있었기 때문이다. 하지만 온실효과에 대해서는 경악할 정도로 움직이지 않고 있다. 그 이유는 전 세계적으로 이산화탄소와 다른 온실가스의 배출을 막는 것이 프레온가스 때보다 훨씬 어렵기 때문이다.

게다가 사람들은 지구온난화에 대해서 특별한 위협을 느끼지 못하는 것 같다. 온난화라는 단어가 긍정적인 느낌을 주기 때문일까? 짐작컨대 다음번 대빙하기가 코앞에 다가왔다고 했다면 사람들은 더 열심히 기후변화에 반응했을 것이다. '빙하기'는 나쁜 느낌이 들지만 '온난화'는 오히려 좋은 느낌이 들기 때문이다.

지구온난화는 결코 좋은 현상이 아니다. 우리가 살고 있는 위도에서 겨울은 계속 따듯해지고 있다. 가끔 더 길고 더 추운 겨울도 있지만 기본적인 양상은 변하지 않고 있다. 평균적으로 20세기의 겨울은 19세기의 겨울보다 약 0.5도 따듯해졌다. 그중에서도 지난 30년 동안의 겨울은 관측 이래로 가장 따듯했다. 그리고 1994년 이후의 여름은 과거 500년 이래로 가장 더웠다. 2003년에 있었던 100년 만의 더위는 그동안의 모든 기록을 갈아치웠다. 여기서 끝이 아니다. 2006년 가을은 250년 이래로 가장 따듯했다. 특히 그해 알프스 지역에서는 매우 특별한 가을을 경험했다. 11월 1일에도 너무 따듯해서 눈 대신 꽃이 스키장을 뒤덮을 정도였다. 태양 활동의 증가와 같은 자연적인 요소들만으로는 이 같은 겨울과 여름의 기온 상승을 설명할 수 없다. 인간이 기후변화의 배후에 있는 것이 분명하다.

인류가 경제 성장과 기술 발전을 통해 자신들이 살고 있는 행성의 기후를 변화시키고 있다는 사실을 인식하기 시작한지 30년이 흘렀다. 하지만 앞으로도 당분간 지구의 인구는 계속해서 증가할 것이고, 전기 생산과 교통수단을 통한 화석연료 소비도 멈추지 않고 늘어날 것이다. 이에 더해서 중국과 인도처럼 거대한 인구를 품고 지속적으로 경제 성장을 거듭하는 국가들은 더 엄청난 양의 천연자원을 소비할 것이다. 이런 추세라면 2100년까지는 최소한 섭씨 1도, 어쩌면 3.5도가 올라갈지도 모른다.

당분간 멈출 수 없는 지구온난화가 인간과 동식물의 생활조건에 어떤 영향을 미칠 것인가라는 질문이 가장 시급하다. 우리의 자녀와 손자들의 미래에 직접 연결되기 때문이다. 후세들에게 살기 좋은 환경을 가진 지구를 남겨줄 것인가? 아니면 '우리가 죽고 난 다음이 무슨 상관이야' 하는 생각으로 지금 상태 그대로 놓아둘 것인가?

이런 질문은 답하기가 매우 어렵다는 데 문제가 있다. 온실효과는 의심의 여지가 없는 인류 최대의 위기이지만 정작 그것이 미치는 영향은 매우 복잡하기 때문이다. 그래서 일반인의 의식 속에는 지구온난화가 여전히 위협으로 인식되지 않고 있다. 온실효과를 그저 지구에 나타나는 거대하고 강력한 악천후 정도로만 생각하는 것 같다. 그러면서 이러한 악천후가 자기 자신에게는 해를 끼치지 않고 넘어가리라고 생각한다. 이것은 불편한 진실을 외면하려는 인간의 속성과 관련이 있다. 사람들은 자기가 살고 있는 거리와 집이 무너지지 않는 한 기후변화에 관심이 없다.

지구온난화는 전적으로 위험을 왜곡하는 표현이다. 지구온난화 때문에 극단적인 날씨 변화가 늘어날 것이고, 그중에서도 특히 우리가 살고 있는 위도에서는 땅과 대기 사이의 복잡한 상호작용이 일어날 것이라는 사실을 애써 외면하게 만든다. 건조한 지역에서는 더욱 강력해진 증발 때문에 건조함이 더해지고 습한 지역에서는 증발 때문에 더 많은 비가 내릴 것이다. 과거에 있었던 폭염과 폭풍우, 홍수 등은 앞으로 우리에게 다가올 현상들을 예언하는 매우 부드러운 예고편에 지나지 않는다.

사람은 당연히 자기를 중심으로 생각한다. 그래서 기후변화가 나에게는 어떤 영향을 미칠까라고 물어본다. 미래에는 내가 사는 지역의 날씨가 어떻게 될까? 극단적인 기후현상들이 더 자주 일어날까? 생태계가 더는 회복될 수 없을 정도로까지 파괴될까? 이러한 변화들이 어느 정도로 사회 체계를 흔들고 불안정하게 만들까? 기후변화 때문에 (예를 들어 마실 물이 부족해져서) 전쟁이 일어날 수도 있을까? 이런 질문을 던지는 사람은 그 답을 이미 알고 있다. 지구의 기후변화는 지구의 사회적·정치적 기후도 더 나쁜 쪽으로 변화시킬 것임을 말이다.

미국 국방성의 연구에 따르면 기후변화가 국제 테러보다 훨씬 더 커다란 위험을 내포하고 있다고 한다.

> 급격한 기후변화는 세계를 무정부 상태로 이끌어 갈 수 있다. 왜냐하면 해당 국가들에서는 사라지고 있는 그들의 식량, 물, 에너지 보존량을 핵무기를 사용해서라도 지키려 할 것이기 때문이다.

이 연구 보고서는 2020년부터 심각한 에너지와 물 부족 현상 때문에 세계적 차원에서 전쟁이 일어날 것이라고 예측했다. 지구의 기후변화는 지역마다 차이가 있겠지만 지역의 날씨에도 영향을 미칠 것이다. 일부 지역은 더 길고 더 심각한 폭서기를 맞이할 것이다. 그 결과 에어컨 사용이 늘고 전기 소비가 많아져 일시적으로 전기 공급이 중단될 것이다. 그리고 이 같은 상황은 또 다른 문제들을 불러올 것이다. 강력한 기후 온난화는 강우량에도 영향을 미칠 것이다. 일부 지역은 더 많은 눈과 비에 시달릴 것이고 다른 지역은 물 부족으로 고통받을 것이다. 이미 겉으로 드러나 있는 환경문제만 따져도 지구온난화가 이대로 진행되었을 때 벌어질 결과가 끔찍하다. 하지만 더 큰 문제는 우리가 전혀 예상하지 못한 문제가 어떤 식으로 인류를 덮칠지 모른다는 것이다.

온도 변화가 낳을 우리의 미래

수 년 전부터 유엔*UN*의 요청을 받은 과학자들이 인간이 지구 기후에 미치는 영향에 관해 연구해왔다. 그러나 강력한 성능을 가진 컴퓨터의 기후 시뮬레이션으로도 기본적인 시사점 외에는 밝혀낼 수 없었다. 아무리 좋은 컴퓨터도 결국 입력되는 자료가 좋아야 제 기능을 발휘할 수 있기 때문이다.

우리는 전체 생태계에 대해서는 말할 것도 없고 다양한 대기와 기후, 바다, 지구 표면 사이에서 벌어지는 복잡한 상관관계에 대해서 너무나 모르고 있다. 예를 들어 구름은 태양광선의 양과 밀접한 관계를 맺고 있다. 그렇다면 구름은 태양광선 중 어떤 것을 통과시키고 지구 표면은 복사열을 통해서 어떤 것을 되돌려 보내는 것일까? 뿐만 아니라 구름이 형성되는 물리적 과정에 대해서도 아직 알려지지 않은 것이 너무나 많다.

다행히 미래의 온도 변화에 대해서는 많은 부분이 연구되어 있다. 그래서 지구의 평균 기온이 조금만 올라가도 더운 날이 급격히 많아질 것이라고 확실하게 말할 수 있다. 기본적으로 여름에 기온이 급격하게 올라가는 것보다는 겨울에 온도가 올라가는 날이 더 많을 것이다. 우리가 살고 있는 위도에서는 여름의 평균 기온보다 겨울의 평균 기온이 더 빠르게 올라갈 것이다. 물론 여름에도 견디기 어려울 만큼 무더운 날이 많아질 것이다. 그리고 봄과 가을에 발생하는 서리는 눈에 띄게 줄어들 것이다.

지구의 기온이 올라가면 갈수록 더 많은 수분이 대기로 증발한다. 지구에 내리는 강수량도 증가한다. 더운 공기는 더 많은 수증기를 받아들일 수 있기 때문이다. 점점 비 오는 날이 많아질 것이며 '집중호우'도 잦을 것이다. 다시 말해서 지구의 기온이 올라가면 물의 순환에 더 많은 열을 가하게 되고 지구가 문자 그대로 더 많은 땀을 흘리게 된다. 물론 우리도 더 많은 땀을 흘릴 것이다. 그렇다고 해서 강수량이 지구의 모든 지역에서 증가하지는 않는다. 지역적 조건에 따라 다르게 나타난다.

컴퓨터의 기후 시뮬레이션은 온실효과가 더 심해지면 남유럽과 북아메리카 지역 일부에서는 여름에 비가 더 적게 내릴 것이라고 예측한다. 이 지역에서 여름에 내리는 비는 상당 부분 지역적인 증발에 의한 것이다. 그런데 증발이 더욱 강력해지면 수증기의 일부는 그 지역에 비를 내리지 않고 구름이 되어 다른 지역으로, 일부는 매우 멀리 떨어진 지역으로까지 옮겨 간다. 그러면 이곳은 갈수록 물을 잃고 사막화된다. 그리고 어쩌다 폭우가 내린다 하더라도 이미 건조하고 딱딱해진 땅은 물을 저장할 능력을 잃어버려 사막화를 막지 못한다. 이런 현상은 이미 스페인과 포르투갈 일부 지역에

강수량의 변화

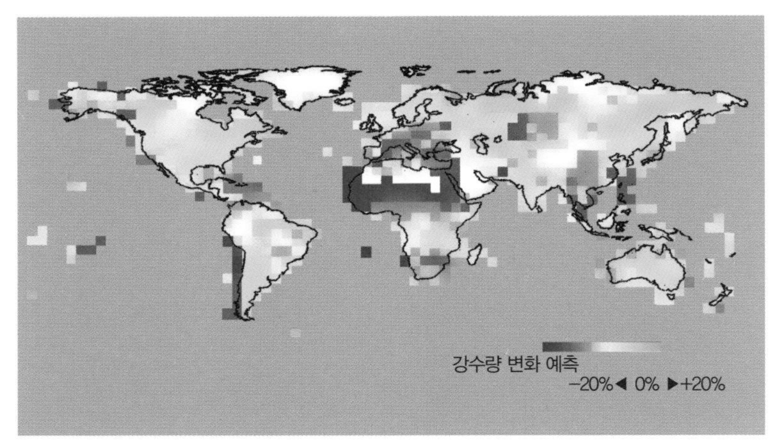

■ 지구의 강수량 변화. 위도가 높은 지역은 점점 습해지고 낮은 지역은 점점 건조해진다.

서 벌어지고 있다.

또한 컴퓨터 기후 시뮬레이션은 온실효과가 증가하면 위도가 높은 지역에서는 겨울에 더 많은 눈과 비가 내릴 것이라고 전망한다. 적도 부근에서 증발한 더 많은 습기가 극지방으로 이동하기 때문이다. 실제로 20세기 초반부터 극에 가까운 지역에서는 지구의 기온이 올라감에 따라 강수량도 함께 증가했다. 반면 열대와 아열대 지역에서는 수십 년 전부터 강수량이 갈수록 줄어들고 있다.

이런 현상은 특히 사하라 사막과 아프리카 열대우림의 중간인 사헬 지역에서 뚜렷하다. 사헬 지역은 완전히 사막화되어 사하라 사막의 일부로 편입될 위험에 처해 있다. 미국 기상청의 과학자들이 컴퓨터 시뮬레이션을 통해 사헬 지역의 미래를 예측해보니, 앞으로 10년간은 강수량이 증가하겠지만 이번 세기 중반이 되면 급격하게 줄어들 것이라는 예측이 나왔다. 7월부터 9월까지 나타나는 사헬 지역의 우기는 대서양과 인도양의 해수면 온도와 매우 밀접한 관계가 있는데, 두 바다의 온도가 올라갈수록 사헬 지역은 건조해지기 때문이다. 그러나 사헬 지역의 미래를 조금 낙관적으로 예측하는 다른 연구기관의 모의실험 결과도 있기는 하다.

홍합과 굴이 북쪽으로 이사 가는 이유

언제나 명심해야 할 것은 지구 기후의 미래 예측은 다양한 변수 때문에 확실하지 않다는 점이다. 좋은 일이건 나쁜 일이건, 예상하지 못한 일들은 언제나 발생할 수 있다. 예를 들어 북대서양의 커다란 해류가 갑자기 변할 수도 있다. 그러면 당장에 유럽과 미국 동부의 기온이 급격하게 내려갈 것이다. 전 지구의 기온이 상승하는 중에도 이런 현상이 얼마든지 나타날 수 있다.

세계 바다의 해류 시스템, 특히 대서양의 해류가 순환하는 법칙에 대한 연구는 이제 시작 단계에 불과하지만 누가 뭐라고 해도 한 가지 사실만은 확실하다. 지구 대기에 이산화탄소량이 증가하면 지구의 평균 기온이 상승하고, 이는 대서양으로 흘러드는 담수의 양을 증가시킬 것이다. 그러면 멕시코 만류의 흐름이 약해질 것이고,

극단적인 경우에는 멈춰 설 수도 있는 것이다.

멕시코 만류는 적도 지방 해수면의 따듯한 물을 극지방으로 보내고, 깊은 바다의 차가운 물을 적도 지역으로 보내는 지구적 해류 시스템의 일부이다. 이런 해류 순환은 바닷물의 온도 및 염도 차이로 생긴다. 멕시코 만류는 적도 지방의 따듯한 물을 싣고 극지방으로 향한다. 그리고 북대서양의 두 지역에서 차가운 바닷물과 만난다. 그린란드 해와 래브라도 해가 그곳이다. 북쪽 방향으로 흐르던 강한 염분을 가진 바닷물은 그곳에서 냉각되어 거대한 물기둥 모양으로 심해 5,000미터까지 내려간다. 그런 후 심해에서 남쪽으로 되돌아오는 것이다. 이 거대한 심해 해류는 북대서양만이 보여주는 특별한 것인데 극히 낮은 온도와 높은 염도 때문에 인도양이나 태평양의 바닷물보다 밀도가 높다. 따라서 이곳으로 (북극 빙하가 녹음으로써) 많은 양의 민물이 유입되어 물의 염도가 낮아지면 해류의 흐름도 위험해진다.

복잡한 기후 및 해양 예측 프로그램은 21세기 말이 되면 멕시코 만류가 멈추지는 않겠지만 약 25퍼센트 정도로 줄어들 것이라고 예측했다. 2005년 말에 출간된 미국의 자연과학 학술지 '네이처'는 멕시코 만류가 이미 50년 전보다는 삼분의 일 정도 적은 양의 물을 이동시키고 있다고 발표했다. 멕시코 만류의 따듯한 물 중 일부는 아프리카에서 다시 남쪽으로 방향을 돌린다. 그래서 북쪽으로 올라가는 물의 양이 줄어드는 것이다.

멕시코 만류가 당장 사라질 염려는 없지만 해류가 약해지는 것만으로도 유럽과 미국의 기후변화뿐만 아니라 북대서양의 생명체들에게 커다란 영향을 미친다. 그러나 그 영향에 대한 예측은 너무 어렵다. 해류의 순환 시스템은 많은 요소에 의해 결정되기 때문이다. 담수와 해수 사이의 섬세한 균형, 해류에 영향을 미치는 대기권의 기류, 심해에 있는 바다 밑바닥의 형태 등 수많은 요소가 복잡하게 얽혀 서로 영향을 미치면서 어떤 효과는 서로 강화시키고 어떤 것은 서로 상쇄시킨다. 그래서 해류가 변화하면 어떤 결과를 가져올지 예측하는 것이 아주 어렵다.

이미 북극해에서 활동하는 어선들의 저인망에서는 몇 가지 작지만 놀라운 변화가 발견되었다. 최근 들어 북극해에서 따뜻한 바다에 서식하는 푸른 홍합이 잡히고 있다. 이전까지 그곳은 홍합이 자라기에는 물의 온도가 너무 낮았지만, 따뜻한 대서양의 바닷물이 그곳으로 흘러 들어감으로써 평균 수온이 최대 섭씨 4도나 올랐기 때문이다. 이런 상황이라면 북쪽으로 흘러 들어가는 멕시코 만류의 양이 더욱 늘어났어야 하는 게 논리적으로 맞다. 그러나 우리가 앞에서 언급한 대로 멕시코 만류는 오히려 약화 현상을 겪고 있다. 멕시코 만류의 양이 줄었는데도 따뜻한 대서양의 바닷물이 흘러 들어가 북극해의 온도가 올라가고 있는 모순에 대해서는 아직까지 뚜렷하게 밝혀진 내용이 없다. 그렇다고 해서 북극해의 수온이 올라가 홍합이 자란다는 사실이 변하지는 않는다.

지금 북극 생태계에 엄청난 변화가 일어나고 있는 것은 부인할 수 없는 사실이다. 북극해보다 남쪽에 있는 북해에서도 변화가 감지되고 있다. 굴이 남쪽에서 북쪽으로 서식지를 옮기고 있다. 굴이 잘 자라기 위해서는 겨울이 추워야 한다. 매우 추운 겨울에는 어린 굴을 먹이로 삼는 게와 새우의 활동이 위축되기 때문에 상대적으로 굴의 개체수가 늘어난다. 굴의 이동은 북해의 온도 변화를 상징적으로 보여준다. 이처럼 바다 생태계에서는 우리가 예측하기 어려운 변화가 계속되고 있다.

2006년 11월 초에 뉴스 매체들은 그해 10월 북해의 해수 온도가 1968년에 측정을 시작한 이래로 가장 따듯했다고 보도했다. 당시 해수의 온도가 평균 섭씨 14.2도로 오랫동안의 평균 수온보다 2.4도 높았다. 그전까지의 최고 온도였던 2005년 10월의 온도보다 거의 섭씨 1도가 더 높은 수치였다. 전문가들은 이런 현상이 북해 기후변화의 명백한 징후라고 입을 모은다.

온도는 식물과 동물의 번창에 매우 중요한 영향을 미친다. 온도가 근본적으로, 그것도 비교적 짧은 시간 내에 변한다면 그 지역의 동식물 전체가 변화를 겪게 된다. 조개류뿐만이 아니고 몇몇 어류들도 북해로 이동하고 있는 것이 관찰되고 있다. 과도한 포획으로 그 수가 현저하게 줄어든 대구도 계속해서 더 추운 북극해 쪽으로 서식지를 옮겨 가고 있다. 대구가 산란하는 데 필요한 수온의 경계선이 섭씨 5도인데, 대구에게는 북해의 물이 너무 미지근해진 것이다. 또한 남쪽에서, 심지어는 지중해에서까지 줄무늬 숭어, 청어, 정어리 등과 같은 새로운 어종이 북해로 들어오고 있다. 이 물고기들은 과거에는 여름에나 가끔 보이던 어종이었지만 지금은 상당한 양이 북해에 살고 있으며 얼마 지나지 않아 어부들에게도 관심을 끌 것으로 보인다.

현재 북해에서는 종의 이동이 진행 중이며 그 속도가 너무 빨라서 학자들조차 거의 그 속도를 따라가지 못하고 있다. 변화의 속도가 너무 빠른 탓에 종들 사이의 민감한 균형이 심각하게 무너지고 있다. 왜냐하면 하나의 생활권 내에서는 모든 종이 어떤 식으로든 서로 연관되어 있기 때문이다.

예를 들어 온도가 올라가서 단 하나의 종이 사라졌을 뿐이라고 해도 그 영향은 생활영역 내의 모든 종에게 미친다. 어떤 종에게는 먹잇감이 사라지는 부정적인 결과를 불러올 수도 있고, 어떤 종은 먹이 경쟁자가 사라져 아주 짧은 기간 동안 생존에 유리한 상황을 맞이할 수도 있을 것이다. 하지만 변화가 당장 부정적인 결과를 초래하느냐 긍정적인 효과를 낳느냐는 중요하지 않다. 정작 중요한 것은 바다 생태계의 모든 종이 변화를 피할 수 없다는 사실이다.

그런데도 일부 생물학자는 북해의 변화를 오히려 긍정적으로 바라본다. 그들은 동물들이 북쪽으로 이동하기도 하지만 다른 종이 또 남쪽에서 들어오기 때문에 북해의 생태학적 안정은 그대로 유지된다고 보고, 오히려 온실효과 덕분에 북해 지역에 종이 풍부한 생태계가 만들어질 것이라고 생각한다. 그러나 이런 생각은 잘못된 것일 가능성이 높다. 북해는 다른 세상과 분리된 것이 아니기 때문이다. 지구가 기후변화로 위협받고 있다면 단기간 동안 어떤 지역에 유리하다고 해도 의미가 없다. 기후변화는 지구가 걸려 신음하고 있는 열병이다. 하루빨리 진심 어린 치료를 하지 않으면 열병은 더욱 심각해질 것이다.

기후변화의 결과가 광범위한 영역에서 속속 드러나면서 그동안 과학자들이 거의 관심을 갖지 않았던 새로운 분야도 최근 들어 많은 관심을 끌고 있다. 바로 바다의 산성화 문제다. 바다의 산성화는 공기 중에 이산화탄소가 너무 많기 때문에 바다에서 일어나는 현상이다.

보통 화석연료에서 나온 이산화탄소는 평균적으로 약 40퍼센트가 공기 중에 남고, 나머지 60퍼센트는 육지의 식물과 바다의 식물성 플랑크톤이 거의 같은 비율로 흡수한다. 그러나 우리가 큰 관심을 두지 않았지만 바닷물 자체도 이산화탄소를 흡수하는데, 바닷물과 이산화탄소가 결합하면 탄산H_2CO_3이 만들어진다. 이 과정은 해수면에서 일어나며, 바다의 산성화는 많은 바다 생물이 뼈를 형성하거나 석회질로 된 껍질을 만드는 것을 방해한다. 탄산이 석회질을 분해하기 때문이다.

탄산은 특히 바다동물에게 가장 다양한 형태의 생활공간을 제공하는 산호를 위협하고 있다. 또한 한 종류의 식물성 플랑크톤도 크게 위협하고 있다. 미세한 석회질 판에 덮여 대개 바닷물 표면에 떠다니는 단세포 조류藻類들이 그 피해자이다. 산성화된 바다는 미세한 바다 달팽이에게도 해를 끼친다. 달팽이의 집을 분해하거나 처음부터 석회질 형성을 방해한다.

현재로서는 석회질을 형성하는 이런 생명체들이 대량으로 사라졌을 때 바다에 사는 다른 생명체에게 구체적으로 어떤 영향을 미칠지 확실하게 말할 수 없다. 그러나 먹이순환 체계가 약해질 것이라는 사실만은 확실하다.

무엇을 해야 하는가?

지금까지 살펴본 사례들은 온실효과가 미치는 영향이 얼마나 다양한 방식으로 나타나며 연구하기 어려운가를 잘 보여준다. 그러나 문제의 원인은 언제나 한 가지이다. 대기 온실가스의 증가! 그렇다면 문제의 해결책도 이미 나와 있다. 온실가스를 배출을 막으면 된다. 그러나 인간 문명이 화석연료를 태워 돌아가고 있는데 어떻게 온실가스 배출을 막을 수 있단 말인가? 화석연료의 사용을 줄이면 당장에 문제가 발생한다. 한심하게도 세계 경제는 지속적으로 성장할 때에만 문제가 발생하지 않는다. 그렇기 때문에 경제계에서는 더 많은 성장을 끊임없이 부르짖는다. 경제 쪽에서 보면 어떤 종류의 감소든 그저 나쁜 적일 뿐이다.

이미 환경 친화적으로 에너지를 얻는 많은 신기술(태양에너지, 풍력, 지열, 조력발전)이 개발되었지만 세계 경제가 여전히 화석연료를 탐하는 현실은 그대로이다. 서구 산업국가만 보더라도 2010년에 1990년보다 10퍼센트나 더 많은 온실가스를 배출했다. 1990년 이후에 약간 감소하기도 했지만 그것은 단지 과거 동유럽 국가들의 낡은 산업시설을 해체했기 때문에 일어난 현상일 뿐이다. 현재는 인도와 중국을 선두로 한 개발도상국이 경제 발전을 이루어 가면서 세계 이산화탄소 배출량을 늘리고 있다.

하지만 인류 문명은 기후에 악영향을 미치는 에너지원의 자연적인 고갈을 눈앞에 두고 있다. 현재와 같은 방식으로 진행된다면 50년에서 70년 내에 원유와 천연가스가 고갈될 것이다. 그런데도 거대 다국적 기업들은 그렇게 멀리까지 생각하지 않는다. 그들은 오직 단기적으로 얻을 수 있는 이윤만 생각한다. 기업들이 환경 문제 해결에 전혀 기여하지 않는다는 말은 아니다. 단지 지하자원의 약탈에 대해서 문제를 제기하지 않을 뿐이다. 그들은 지금처럼 계속 화석연료를 태우되 그때 발생하는 이산화탄소가 대기로 배출되지 않게 하는 기술을 찾으려 한다. 그래서 생각해낸 방법이 이산화탄소를 지하나 깊은 바다로 보내는 것이다.

실제로 이산화탄소를 지하로 보내는 기술은 이미 성숙 단계에 이르렀다. 이론상으로 보면 원유와 천연가스를 추출하는 과정을 거꾸로 되돌리면 된다. 스웨덴의 남쪽 해안에서는 이런 방식이 해저

유전에 이미 사용되고 있다. 그곳에서는 연소할 때 배출되는 이산화탄소의 비율이 9퍼센트인 천연가스를 뽑아 올리고 있다. 그러나 구매자는 2.5퍼센트의 이산화탄소 배출 비율만을 허용한다. 그래서 차이가 나는 비율은 현지에서 화학적 방식을 통해 분리한 다음에 압축해서 해저 1000미터 지하에 있는 사암층 안으로 주입한다. 이 방식은 이미 1996년부터 사용되어왔다. 현재는 석탄을 원료로 하는 화력발전소에서 생산되는 이산화탄소를 비슷한 방식으로 처리하고 있다.

예를 들어 독일에는 특별한 이산화탄소 포집·저장 기술을 적용한 화력발전소가 세워지고 있다. 이 기술은 석탄을 태우면서 발생하는 이산화탄소를 액체로 만들어서 대기로 방출하지 않고 저장한다. 환경단체들은 이 기술이 너무 복잡하고 비용도 많이 들어간다며 비판한다. 새로운 발전소에서는 이산화탄소를 제대로 분리하기 위해서 보통의 공기가 아니라 순수한 산소를 이용해서 석탄을 태우는데, 여기에 많은 비용이 든다. 게다가 이산화탄소를 운반이 가능하게 만들기 위해서는 높은 압력을 가해서 액체로 만들어야 하고, 여기에 더 많은 에너지를 소비해야 한다. 이 화력발전소의 효율은 과거의 발전소에 비해 삼분의 일이 줄어들었고, 이런 화력발전소에서 생산되는 전기는 더 비싸다.

그리고 액체로 만든 이산화탄소를 어떻게 저장할 것인가에 대한 방법도 아직 명확하지 않다. 바다 밑으로 가라앉히자는 제안이 있으나 비판자들은 그렇게 할 경우 바다에 엄청난 피해를 입힐 것이라고 경고한다. 앞에서 본 것처럼 가뜩이나 바닷물에 탄산 함유량이 증가하고 있는 상태에서 액체 이산화탄소까지 더해지면 어떤 일이 벌어질지 모른다. 우리는 깊은 해저의 생태계에 대해서 너무 아는 바가 없기 때문에 이런 식의 저장방법이 어떤 영향을 미칠 것인지 전혀 가늠할 수 없다.

이산화탄소를 깊은 지하에 저장하면 아마도 그곳에서 서서히 암반층을 뚫고 위로 올라와 대기에 도달하기까지 수천 년은 걸릴 것이다. 그렇게 되면 현재 배출되는 매우 많은 양의 온실가스를 오랫동안 저장해 놓을 수 있다. 하지만 이 방법은 현재의 기후 온난화에 대한 책임을 다음 세대로 미루는 것밖에 되지 않는다.

한 가지 흥미로운 사실은 이 같은 기후변화 논의에서 원자력발전소 사업자들이 큰 목소리를 내고 있다는 것이다. 그들은 자신이 팔고 있는 위험한 기술이 새롭게 각광받을 수 있는 때가 되었다고 생각한다. 그들은 원자력발전소는 이산화탄소를 배출하지 않으며 그렇기 때문에 기후 온난화에 기여하지 않는다고 주장한다. 이러한 주장은 실제로 반박하기가 쉽지 않다. 그래서 일부 기상학자들은 원자력발전에 찬성하는 입장을 취하기도 한다. 그들은 원자력발전소 없이는 지구온난화를 해결할 수 없다고 주장한다. 현존하는 에너지를 미래에는 더 효율적으로 사용하는 것이 가능하다 할지라도 에너지에 대한 수요는 더욱 증가할 것이고 현대식 원자력발전 기술은 석탄을 사용하는 화력발전소보다 훨씬 덜 위험하다는 것이다.

그러나 영국의 '지속가능개발위원회' 전문가들은 영국의 원자력발전소가 2035년까지 두 배로 늘어난다 하더라도 영국의 이산화탄소 배출양은 8퍼센트밖에 줄어들지 않을 것이라는 결론을 내렸다. 이런 미약한 소득과 여전히 존재하는 원자력발전소의 위험 중 어느 것이 더 큰가를 비교해봐야 한다. 특히 방사성 폐기물의 장기적인 저장에 대해서는 여전히 안전한 방법이 마련되어 있지 않은 상태이다.

이렇게 짧게 소개한 논쟁들만 보더라도 한 가지는 명확해진다. 우리 인류가 단순한 해결책만으로 헤쳐나갈 수 없는 진퇴양난에 빠져 있다는 사실이다. 기본적으로 이 같은 상황은 지구가 크기는 하지만 그렇다고 무한하지도 않은 반면 세계 경제는 무한한 성장을 요구하고 있기 때문에 벌어진다. 그러나 우주에서 우주 자신 외에 무한하게 성장할 수 있는 것은 없다. 지속적으로 성장해야만 하는 병을 앓고 있는 세계 경제는 역시 쉬지 않고 성장하는 풍선과 같은 행성이 필요하다. 그러나 그런 행성은 언젠가는 풍선처럼 터져버릴 위험을 안고 있다.

이성적으로 생각해보면, 끝없이 성장만 해서는 지금의 위기를 극복할 수 없다는 사실을 누구나 인식할 수 있다. 우리는 결국 현재의 경제체제 자체가 너무 많은 비이성적 요소를 안고 있음을 인정할 수밖에 없다. 그러나 다른 한편으로는 지금의 경제체제를 바꿔 세계 경제가 위험해지는 것을 아무도 원하지 않는다. 그 결과 역시 전혀 예측할 수 없기 때문이다. 결국 우리는 냉철하게 질문하게 된다. 이렇게 아름답고 다양한 생명체가 있는 유일무이한 행성을 구할 수는 없는 것일까? 우리 인간은 수많은 위협들에 제대로 대처해 나갈 수 있을까?

기본적으로 인류는 두 가지 가능성을 가지고 있다. 겉으로 보기에 어찌할 수 없어 보이는 현실에 굴복하든지 아니면 지속 가능한 대책을 세워 효과적으로 대응해야 한다. 그러나 말은 쉽지만 실천은 매우 어렵다. 그런 대책들은 전 세계가 동참한 정치적 차원에서 이뤄져야 하지만 우리는 그런 차원의 대응은 시작조차 못했기 때문이다.

현재의 상황을 숙명으로 생각하고 순응한다면 아마도 각각의 나라는 자기 나라에서만은 기후변화의 결과를 어떤 식으로든 약화시키려고 시도할 것이다. 예를 들어 바다를 접하고 있는 나라는 해수면 상승으로부터 자기 나라를 보호하기 위해 제방을 점점 더 높이 쌓을 것이다. 기온과 강수량이 변하는 데 맞춰 농업을 바꾸고 국민을 안전한 생활공간으로 이주시킬 것이다. 거대한 해일과 폭풍이 잦은 지역에서는 피해를 최대한 줄이기 위한 도시 건설을 서두를 것이다.

그러나 이 모든 노력은 병든 지구에 어떤 변화도 가져다주지 못한다. 단지 눈에 보이는 상처만 치료할 뿐 병의 뿌리를 찾아 치료하지는 않는 것이다. 병든 지구를 정말로 치료하기 위해서는 지구의 모든 국가가 협력해야 한다. 우선 지구의 기온 상승을 멈출 수 있는 '지속 가능한 정책'을 도입해야 한다. 개별 국가의 어떤 정책도 이산화탄소 배출을 극단적으로 줄여보자는 공동의 목표를 벗어나서는 안 된다. 신속하고 광범위할 뿐만 아니라 지속적으로 모든 국가가 함께 대응해야 한다. 그리고 그것은 전 세계가 목표에 동의하고 같은 방향으로 실천해나갈 때만 가능하다.

아쉽게도 거대한 기후 및 환경 문제에 있어서는 국제적 차원의 환경 정책을 펼치기가 극히 어렵다. 매우 더디게 진행될 뿐이다. 1992년 세계기후정상회의에서 세계 기후변화에 대응하기 위한 국제협약의 기반을 만든 이후로도 많은 세월을 흘려보냈다. 그리고 마침내 1997년 교토기후협약을 체결해 실천으로 넘어가려 할 때 세계에서 가장 많은 온실가스를 만들어내는 미국이 반대하여 협약을 반쪽짜리로 만들어버렸다. 미국이 반대한 배경에는 오직 경제적인 이유밖에 없었다. 기후를 보존하는 데는 찬성하지만 비용을 한 푼도 지불할 수 없다는 이야기였다.

산업국가들의 문제가 바로 여기에 있다. 어떻게 하면 경제적 어려움을 겪지 않으면서 우리의 지구를 깨끗하게 유지할 수 있을까? 이 문제를 고민하면서 사람들은 온난화 문제가 언젠가는 엄청난 경제문제가 되어 자신들을 덮칠 것이라는 사실을 보려 하지 않는다. 그나마 경제계 일부가 환경보호가 꼭 경제 발전을 가로막는 것은 아니라는 사실을 인식하기 시작한 것 같다. 전 세계은행장 니콜러스 스턴*Nicholas Stern*은 예방적 차원의 기후보호는 피할 수 없는 문제라는 것을 이미 오래전부터 인식하고 세계 각국에 기후변화 문제에 조속히 대처할 것을 요구해왔다. 아무 조치도 취하지 않는 것이 현재에는 저렴할지 모르지만, 미래에는 매년 세계 경제의 생산비용 대비 20퍼센트의 비용이 들게 될 것이다. 그리고 이상하게 들릴지 모르지만 기후보호가 미래의 블루오션으로 떠오를 수도 있다.

그러나 이런 생각이 세계적인 다국적 기업의 최고경영자들 사이에서 광범위하게 받아들여지려면 얼마나 많은 시간이 흘러야 할까? 기후변화의 속도와 비교했을 때 인식의 변화 속도는 너무나 느리다. 원래 생각이 바뀌는 과정은 매우 더디게 진행된다. 그러나 인간에게는 먼 미래를 생각할 수 있는 능력이 있다. 인간은 장기적인 관점에서 미래를 계획하고 노후를 위해 저축과 보험에 들기도 한다. 그렇다면 더 큰 미래를 위해 인류 전체가 왜 똑같은 생각을 갖지 못하겠는가? 여러 장애물이 있겠지만 우리는 미래를 위해 모두 뛰어넘어야 한다.

과학자들과 경제계가 언젠가는 이 문제를 해결할 수 있는 신기술을 개발해낼 것이라고 억지로라도 낙관적으로 믿고 있는 미국과는 달리 세계 여러 나라에서는 훨씬 더 신중한 입장을 취하고 있다. 그들은 언젠가 아무것도 하지 않은 자신들의 행동에 후회하기보다는 확실한 쪽을 선택하려고 한다. 왜냐하면 먼 미래는 언제나 불확실하기 때문이다. 그래서 가장 나쁜 결과 예측이 들어맞을 가능성이 있다고 보고 지금 현재 그것을 막을 수 있는 가능한 모든 조치를 취하는 것이 더 합리적이라고 믿는다. 그러나 이 같은 바람직한 생각도 최선의 행동 방침을 정해주지는 않는다. 이러한 생각 속에서도 실수는 나올 수 있다. 비록 시행착오를 겪더라도 우리에게 중요한 것은 우리의 선택에 인류의 미래가 달려 있다는 사실을 잊지 않고 꾸준히 대책을 찾아 행동하는 것이다.

현재 확실한 것은 단 한 가지이다. 지금까지와 같이 행동한다면 인류에게 미래란 없다는 사실이다. 고층빌딩에서 아래로 떨어지고 있는 사람을 생각해보라. 그는 아래로 떨어질수록 지나가는 행인들이 그를 보고 놀라서 지르는 비명소리를 더 명확하게 들을 수 있다. 그러나 그는 막 2층을 통과하면서 이렇게 생각한다.

'저 사람들 왜 저렇게 흥분하는지 알 수가 없군. 지금까지는 모든 것이 잘 되어왔잖아.'

인류는 지금 2층을 통과하고 있는지도 모른다.

알수록 재미있는 날씨 이야기

지은이 게르하르트 슈타군
옮긴이 안성철
감수 및 해설 유희동

1판 1쇄 발행 2012년 7월 20일
개정판 1쇄 발행 2016년 5월 6일
개정판 3쇄 발행 2021년 03월 15일

발행처 (주)옥당북스
발행인 신은영

등록번호 제2018-000080호
등록일자 2018년 5월 4일
주소 경기도 고양시 덕양구 화신로 105, 2319-2003
전화 (070)8224-5900 팩스 (031)8010-1066

값은 표지에 있습니다.
ISBN 978-89-93952-76-6 03450

블로그 blog.naver.com/coolsey2
포스트 post.naver.com/coolsey2
이메일 coolsey2@naver.com

조선시대 홍문관은 옥같이 귀한 사람과 글이 있는 곳이라 하여 옥당玉堂이라 불렸습니다.
옥당북스는 옥 같은 글로 세상에 이로운 책을 만들고자 합니다.

이 도서의 국립중앙도서관 출판시도서목록(CIP)은
e-CIP 홈페이지(http://www.nl.go.kr/ecip)에서 이용하실 수 있습니다.
(CIP 제어번호: 2016010720)